Funktionsorientiertes Laserstrahl-Mikroschweißen von Aluminium-Kupfer-Verbindungen mit örtlicher Leistungsmodulation

Function-Oriented Laser Beam Microwelding of Aluminum-Copper Joints with Spatial Power Modulation

Von der Fakultät für Maschinenwesen
der Rheinisch-Westfälischen Technischen Hochschule Aachen
zur Erlangung des akademischen Grades eines
Doktors der Ingenieurwissenschaften
genehmigte Dissertation

vorgelegt von

Sören Hollatz

Berichter/in:

Univ.-Prof. Dr. rer. nat. Constantin Leon Häfner
Univ.-Prof. Dr.-Ing. Uwe Reisgen

Tag der mündlichen Prüfung: 10. August 2023

ERGEBNISSE AUS DER LASERTECHNIK

Sören Hollatz

Funktionsorientiertes Laserstrahl-Mikroschweißen von Aluminium-Kupfer-Verbindungen mit örtlicher Leistungsmodulation

Bibliografische Information der Deutschen Nationalbibliothek
Die Deutsche Nationalbibliothek verzeichnet diese Publikation in der Deutschen Nationalbibliografie; detaillierte bibliografische Daten sind im Internet über https://portal.dnb.de abrufbar.

Sören Hollatz:

Funktionsorientiertes Laserstrahl-Mikroschweißen von Aluminium-Kupfer-Verbindungen mit örtlicher Leistungsmodulation

1. Auflage, 2023

Gedruckt auf holz- und säurefreiem Papier, 100% chlorfrei gebleicht.

Wissenschaftsverlag des Instituts für Industriekommunikation und Fachmedien an der RWTH Aachen
Steinbachstr. 25, 52074 Aachen
Internet: www.apprimus-verlag.de, E-Mail: info@apprimus-verlag.de

Druck: CPI Druckdienstleistungen GmbH, Ferdinand-Jühlke-Straße 7 I 99095 Erfurt

ISBN 978-3-98555-178-1

D 82 (Diss. RWTH Aachen University, 2023)

Kurzfassung

Der zunehmende Bedarf an Batteriezellen zur Elektrifizierung von Fortbewegungsmitteln erfordert das automatisierte Fügen elektrisch hochleitender Werkstoffe wie Aluminium und Kupfer. Diese Materialien sind in Form von Folien Bestandteil gängiger Lithium-Ionen-Batteriezellen. Die elektrische Verschaltung entsprechender Zellen zu Batteriesystemen erfordert folglich das Fügen der artungleichen Verbindung von Aluminium und Kupfer. Hauptfunktion ist hierbei das verlustfreie Übertragen des elektrischen Stroms über die gesamte Produktlebensdauer. Aufgrund der guten Automatisierbarkeit und kurzen Prozesszeiten ist das Laserstrahlschweißen ein geeignetes Verfahren für die Serienproduktion von Batteriesystemen. Herausforderung beim schmelzebasierten Fügen von Aluminium und Kupfer ist die Bildung von spröden und harten intermetallischen Phasen. Als Ausgangspunkt für Risse können diese Phasen die Verbindung langfristig schädigen. Betriebseinflüsse wie Vibrationen, thermische oder elektrische Belastung verkürzen die Lebensdauer zusätzlich. Ein industrieller Einsatz erfordert deshalb die genaue Kenntnis über die Qualität der Schweißverbindung und ihre Langzeitstabilität.

Als quantitatives Maß für die Schweißnahtqualität bietet sich aufgrund der funktionalen Anforderung der Übergangswiderstand der Verbindung an. Neben den Grundlagen zur Messung elektrischer Widerstände von Schweißverbindungen, wird in dieser Arbeit der Stromfluss durch die Verbindung simulativ betrachtet, um die Auslegung und Schweißnahtpositionierung zu optimieren. Bei der experimentellen Validierung wird der Einfluss einer örtlichen Leistungsmodulation auf elektrische und mechanische Eigenschaften untersucht. Dabei wird die Vorschubbewegung des Laserstrahls mit einer kreisförmigen Oszillation überlagert. Dadurch wird die Anbindungsbreite der Schweißnaht erhöht und Ungleichmäßigkeiten im Nahtquerschnitt des Überlappstoßes aufgrund des unterschiedlichen Schmelzpunkts und Wärmeleitfähigkeit werden ausgeglichen. Die Durchmischung der beiden Materialien wird mittels in-situ Durchstrahlversuchen mit Synchrotronstrahlung sichtbar gemacht. Für die Analyse der Langzeitstabilität werden die Schweißverbindungen dynamisch, elektrisch und thermisch belastet, um die Betriebseinflüsse zu simulieren. Neben der Entwicklung eines langzeitstabilen Schweißprozesses von Aluminium und Kupfer, werden in dieser Arbeit Methoden zur prozessbegleitenden Überwachung der Einschweißtiefe mittels optischer Kohärenztomographie und Spektrometrie untersucht. Durch die Kombination einer funktionsorientierten Prozessentwicklung mit einer geeigneten Überwachung, unterstützt diese Arbeit die industrielle Anwendung des Laserstrahlschweißens von Aluminium-Kupfer-Verbindungen.

Abstract

The increasing demand for battery cells to electrify transportation requires the automated joining of highly electrically conductive materials such as aluminum and copper. These materials are part of common lithium-ion battery cells in the form of foils. The electrical connection of such cells to battery systems requires the joining of dissimilar aluminum and copper. The main function is the loss-free conduction of the electrical current during the whole lifetime of the product. Due to its good automation capability and short process times, laser beam welding is a suitable process for the series production of battery systems. The challenge in the melt-based joining of aluminum and copper is the formation of brittle and hard intermetallic phases. As a starting point for cracks, these phases can damage the joint in the long term. Operating influences such as vibrations, thermal or electrical stress additionally shorten the lifetime. Industrial applications therefore require precise knowledge of the quality of the welded joint and its long-term stability.

Due to the functional requirement, the contact resistance of the joint is a suitable quantitative measure of weld seam quality. In addition to the fundamentals of measuring electrical resistances of welded joints, this work simulates the current flow through the joint in order to optimize the design and weld seam positioning. In the experimental validation, the influence of a spatial power modulation on electrical and mechanical properties is investigated. In this process, the feed motion of the laser beam is superimposed with a circular oscillation. As a result, the bond width of the welds is increased and non-uniformities in the seam cross-section of the lap joint due to the different melting point and thermal conductivity can be compensated. The intermixing of the two materials is visualized by in-situ transmission experiments with synchrotron radiation. For the analysis of the long-term stability, the welded joints are dynamically, electrically and thermally loaded to simulate the operating influences. In addition to the development of a long-term stable welding process of aluminum and copper, this work investigates methods for in-process monitoring of the welding penetration depth by using optical coherence tomography and spectrometry. By combining a function-oriented process development with suitable monitoring, this work supports the industrial application of laser beam welding of aluminum-copper joints.

Danksagung

Die vorliegende Dissertation entstand neben meiner Tätigkeit als wissenschaftlicher Mitarbeiter im Bereich Mikrofügen am Fraunhofer Institut für Lasertechnik ILT. Diese Arbeit beinhaltet Ergebnisse einiger Jahre intensiver Forschung und entsprechend viele Menschen haben mich auf diesem Weg begleitet und unterstützt. Hierfür möchte ich mich recht herzlich bedanken!

Anfangen möchte ich bei Prof. Dr. rer. nat. Constantin Häfner und mich für die Übernahme der Betreuung nach der Emeritierung von Prof. Dr. rer. nat. Reinhart Poprawe bedanken. Trotz eines recht fortgeschrittenen Arbeitsstands zu Beginn der Betreuung, haben Sie wertvolle fachliche Anregungen sowie strukturelle und stilistische Anmerkungen eingebracht. Vielen Dank dafür. Weiterhin gilt mein Dank Prof. Dr.-Ing. Uwe Reisgen für die Zweitbegutachtung und Prof. Dr.-Ing. Thomas Bergs für den Vorsitz in der Prüfung.

Mein Weg zur Lasertechnik begann bereits während der Schulzeit. Dank meines damaligen Physiklehrers Herrn Beck habe ich eine Facharbeit zum Thema Selbstbau eines Lasers verfasst. Den nächsten Schritt auf dem Weg zu dieser Arbeit verdanke ich Benjamin Mehlmann, der mir als studentische Hilfskraft und Bachelorarbeiter die Grundlagen zum Laserschweißen vermittelt hat. Nach dem Studium habe ich von Prof. Dr. Arnold Gillner die Chance bekommen als wissenschaftlicher Mitarbeiter weiter in der Lasertechnik zu forschen und zu promovieren. Für den fachlichen Austausch hinsichtlich meiner Doktorarbeit und das stete Vertrauen über 7,5 Jahre bedanke ich mich recht herzlich. Dieser Schritt war lange nicht selbstverständlich, sondern erforderte große Unterstützung von meinem Kollegen Dr. Paul Heinen, dessen Nachfolge ich antreten durfte und Dr. André Häusler, der sich intensiv um meine Anstellung bemüht hat. Das werde ich Euch nicht vergessen.

Besonderer Dank gilt Dr. Alexander Olowinsky. Als Gruppen- bzw. Abteilungsleiter schauen wir auf eine lange gemeinsame Zeit zurück mit erfolgreicher Kunden- und Projektakquise. Ich habe in dieser Zeit sehr viel gelernt und dafür sowie für das stete Vertrauen danke ich Dir vielmals. Die Freiheit alle Ideen umsetzen zu dürfen führten nicht immer zum Erfolg, aber immer zu einem Lerneffekt oder bestenfalls in eine Patentanmeldung. Diese Unterstützung ist keinesfalls selbstverständlich! Vielen Dank.

Meinen Kollegen der Gruppe Mikrofügen danke ich für die schöne Zeit, stete Hilfsbereitschaft und kreative Arbeitsumgebung. Hervorheben möchte ich Dr. Johanna Helm und Woo-Sik Chung als meine langjährigen Bürokollegen. Die gemeinsame Zeit mit Euch werde ich immer in guter Erinnerung behalten.

Inhaltlich wurde diese Arbeit durch die tatkräftige Unterstützung meiner studentischen Hilfskräfte, die mir immer den Rücken freigehalten haben, sowie einer Vielzahl an Abschlussarbeitern unterstützt. Die Betreuung Eurer Arbeiten hat mir viel Spaß, einiges Kopfzerbrechen und Stress, aber immer sehr gute Ergebnisse gebracht. Ich bin Stolz auf jede einzelne dieser Arbeiten und bedanke mich bei Euch für den unermüdlichen Einsatz.

Zu guter Letzt bedanke ich mich bei meiner Familie und meinen Freunden, die mich auf diesem Weg geduldig unterstützt haben, sowie meiner Freundin Maike für die motivierenden Worte in schwierigen Phasen. Auf Eure Ratschläge, Euren Zuspruch und Eure Unterstützung konnte ich mich während dieser Zeit immer verlassen.

Inhalt

Abkürzungsverzeichnis

Symbol	Einheit	Beschreibung
A_s	mm	Oszillationsamplitude der örtlichen Leistungsmodulation
$A_{s,x}$	mm	Oszillationsamplitude in x-Richtung
$A_{s,y}$	mm	Oszillationsamplitude in y- Richtung
A	-	Absorptionsgrad
A_L	mm²	Leiterquerschnitt
a	nm	Atomabstand in der Elementarzelle
b_s	µm	Breite der Schweißnaht
c	m/s	Lichtgeschwindigkeit
d_f	µm	Fokusdurchmesser
d	nm	Netzebenenabstand
e	µm	Einschweißtiefe
e	C	Elementarladung
E_K	J	Konvektive Wärmeenergie
E_k	eV	Energie über Grundniveau in Zustand k
E_{Laser}	J	Energie des Laserstrahls
E_P	J	Prozessenergie
E_R	J	Reflektierte Energie
E_{Str}	J	Wärmestrahlung
E_W	J	Konduktive Wärmeenergie
f_{ik}	-	Oszillatorstärke des Überganges
f_s	Hz	Oszillationsfrequenz der örtlichen Leistungsmodulation
$f_{s,x}$	Hz	Oszillationsfrequenz in x-Richtung
$f_{s,y}$	Hz	Oszillationsfrequenz in y-Richtung
g_k	-	Entartungsgrad in Zustand k
g_i	-	Entartungsgrad in Zustand i
g	µm	Gitterkonstante
h	-	Interferenzordnung
I	A	Elektrische Stromstärke
I_{ges}	A	Gesamtstrom
I_x	A	Elektrische Stromstärke an der Verbindung

I_{Mess}	A	Gemessene Stromstärke
I_q	A	Elektrische Stromstärke der Stromquelle
k	$W/m{\cdot}K^{-1}$	Wärmeleitfähigkeit
k	-	Ordnung der Interpolation
k_B	$eV{\cdot}K^{-1}$	Boltzmann-Konstante
k_U	-	Kontaktgütemaßzahl
k_t	m^{-3}	Absorptionskoeffizient Spektrallinie
l_L	mm	Länge des elektrischen Leiters
l_k	µm	Länge der Kapillaröffnung
m	-	Beugungsordnung
M^2	-	Beugungsmaßzahl
m_e	kg	Elektronenmasse
N	-	Beleuchtete Gitterelemente
n	m^{-3}	Gesamtatomdichte
n_k	m^{-3}	Atomdichte in Zustand k
U	-	Überlappgrad
U	V	Elektrische Spannung
U_x	V	Elektrische Spannung an der Verbindung
U_{Mess}	V	Gemessene Spannung
$U_{L,i}$	V	Gemessene Spannung über Material i
P_A	W	Absorbierte Leistung
P_L	W	Laserleistung
$P_{L,max}$	W	Maximale Laserleistung
Pe	-	Péclet-Zahl
R	-	Reflexionsgrad
R	Ω	Elektrischer Widerstand
R_x	Ω	Gesamter Übergangswiderstand der Verbindung
R_M	Ω	Materialwiderstand von M
R_m	Ω	Materialwiderstand von m
R_E	Ω	Engewiderstand
R_F	Ω	Fremdschichtwiderstand
R_V	Ω	Brückenwiderstand
R_{Leiter}	Ω	Leiterwiderstand
$R_{20°C}$	Ω	Elektrischer Widerstand bei 20°C
$R_{L,i}$	Ω	Auf s_v genormter Materialwiderstand des Leiters i
t	s	Zeit

T	-	Transmissionsgrad
T	K	Temperatur
T_V	K	Verdampfungstemperatur
T_S	°C	Schmelzpunkt
v_d	mm/s	Bohrgeschwindigkeit
v_f	mm/s	Vorschubgeschwindigkeit
v_{Osz}	mm/s	Bahngeschwindigkeit auf den Kreisbahnen bei achtförmigen Oszillationen
v_x	mm/s	Bahngeschwindigkeit in x-Richtung
v_y	mm/s	Bahngeschwindigkeit in y-Richtung
x	mm	Raumkoordinate in Vorschubrichtung
x_0	mm	Startposition in x-Richtung
$x_{max,1}$	mm	Maximum der ersten Oszillation in x-Richtung
$x_{min,1}$	mm	Minimum der ersten Oszillation in x-Richtung
$x_{min,2}$	mm	Minimum der zweiten Oszillation in x-Richtung
y	mm	Raumkoordinate transversal zur Vorschubrichtung
y_0	mm	Startposition in y-Richtung
Z	-	Kanonische Zustandssumme
α	K^{-1}	Temperaturkoeffizient (Wärmeausdehnung, elektrischer Widerstand)
α_k	°	Kapillarneigung
α	°	Einfallswinkel
β	°	Ablenkwinkel
ε_0	$As \cdot V^{-1} \cdot m^{-1}$	elektrische Feldkonstante
λ	nm	Wellenlänge
η	-	Einkoppelgrad
σ	-	Standardabweichung
φ_x	-	Phase der Oszillation in x-Richtung
φ_y	-	Phase der Oszillation in y-Richtung
ρ	g/cm^3	Dichte
ρ_{el}	$\Omega \cdot m^2/mm$	Spezifischer elektrischer Widerstand
κ	MS/m	Elektrische Leitfähigkeit
ϑ	°C	Leitertemperatur
θ	°	Glanzwinkel

1 Einleitung, Motivation und Zielsetzung

1.1 Einleitung

Das Fügen von Materialkombinationen elektrisch hochleitender Werkstoffe wie Aluminium und Kupfer ist aufgrund der fortschreitenden Elektrifizierung von Alltagsgegenständen oder Fortbewegungsmitteln von großer Bedeutung in der Industrie. Insbesondere im Bereich der Elektromobilität besteht ein hoher Bedarf an elektrischen Verbindungen. Kupfer- oder Aluminiumbauteile leiten dabei die elektrische Energie vom Speichersystem zum elektrischen Antrieb. Hauptentwicklungstreiber für die Elektrifizierung im Automobilbereich sind in Deutschland die erforderliche Reduzierung der klimaschädlichen CO_2-Emissionen und die Beendigung der Abhängigkeit von fossilen Brennstoffen. Resultierend daraus steigt die Zahl an batterieelektrischen Fahrzeugen sowohl in Deutschland als auch weltweit an (siehe Bild 1 links). 2020 sind weltweit mehr als 10 Millionen elektrisch angetriebene Fahrzeuge unterwegs [IEA21]. Die weltweit steigende Tendenz ist auch in Prognosen des Fahrzeugabsatzes in Deutschland für die Jahre bis 2030 sichtbar (Bild 1 rechts) [PRO20].

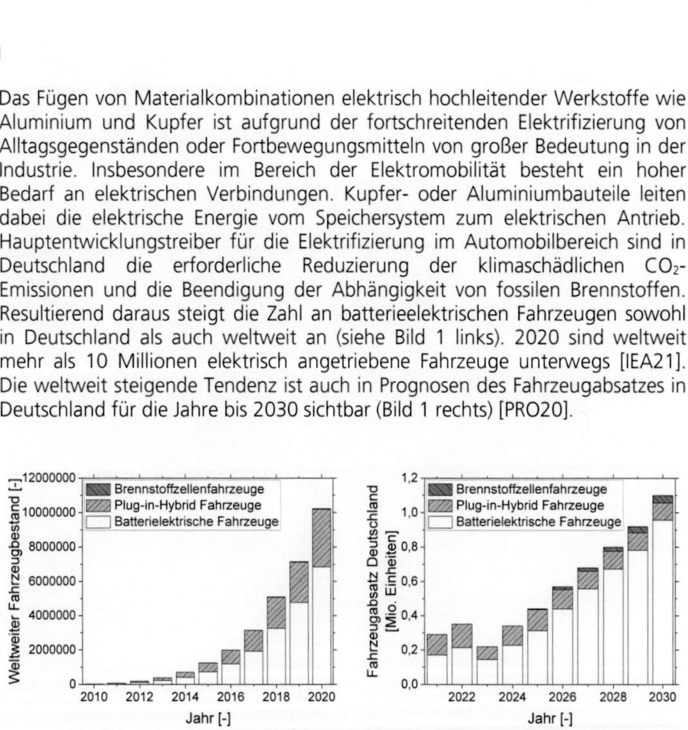

Bild 1: Elektromobilität weltweit und in Deutschland

Links: Weltweiter Bestand an Elektrofahrzeugen [IEA21]
Rechts: Prognose des jährlichen Fahrzeugabsatzes in Deutschland [PRO20]

Der zunehmende Absatz an Elektrofahrzeugen führt zu einem gesteigerten Bedarf an Batteriezellen in den kommenden Jahren. Prognosen geben einen Anstieg um den Faktor 14 von 2018 bis 2030 an, siehe Bild 2. [GLO19] Bei Annahme von Pouchzellen mit einer durchschnittlichen Kapazität von 82 Ah und einer Zellspannung von 3,7 V (Batterieentwicklungsstand 2020, [FRA17]) wurden allein 2020 fast eine Milliarde solcher Zellen benötigt.

Bild 2:
Prognose des weltweiten Batteriebedarfs in den Jahren 2018-2030

[GLO19]

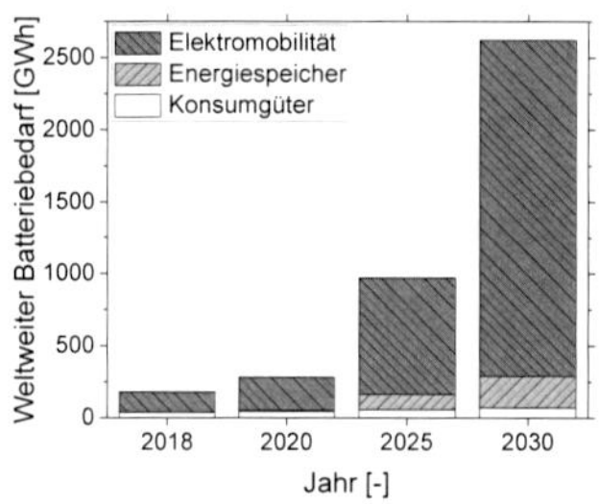

Die Batteriezellen – unabhängig des äußeren Formfaktors – bestehen aus einer beschichteten Kupfer- (Anode) und Aluminiumfolie (Kathode). Für die Verschaltung von Batteriezellen zur Spannungs- und Kapazitätserhöhung für den Einsatz in Elektrofahrzeugen ist eine Fügeverbindung dieser zwei Werkstoffe zwingend erforderlich. Hauptanforderung ist hierbei ein möglichst geringer Übergangswiderstand, um die elektrische Funktionalität der Verbindung annähernd verlustfrei zu gewährleisten. Bei prismatischen Zellen befindet sich diese Verbindung üblicherweise bereits in der Zelle, während bei Rundzellen eine Kontaktierung in der Zelle an das Stahlgehäuse bzw. den Stahldeckel stattfindet. Bei pouchförmigen Batteriezellen wird je ein Aluminium- und ein Kupferableiter aus der Zelle herausgeführt, sodass die artungleiche Verbindung außerhalb der Zelle durchgeführt wird. [LEE10; DAS18]

Die Verbindung von einer Milliarde Zellen pro Jahr benötigt dementsprechend ein Fügeverfahren mit hoher Geschwindigkeit und Kontaktgüte. Bei jeder elektrischen Belastung der Verbindung entsteht ein Wärmeverlust abhängig von dem elektrischen Widerstand in der Fügeverbindung. Eine hohe Verbindungsqualität ist demnach von entscheidender Bedeutung für die Effizienz von Batteriespeichersystemen. Gängige Fügeverfahren für Aluminium-Kupfer-Verbindungen sind für diese Anwendung insbesondere das mechanische Fügen, Ultraschallschweißen und Laserstrahlschweißen. [LEE10; DAS18]

Aufgrund der schlechten Schweißbarkeit und der Bildung von spröden intermetallischen Phasen gilt die schmelzflüssige Verbindung von Aluminium und Kupfer als herausfordernd. Diese Arbeit befasst sich mit der Entwicklung eines funktionsorientierten Laserstrahlschweißprozesses sowie der Überwachung dieses kritischen Prozesses in einer Produktionskette. Bei den Untersuchungen steht die Funktion der Verbindung, das Leiten des elektrischen Stroms, für den Einsatz in elektrotechnischen Anwendungen im Vordergrund. Ziel ist das Aufzeigen einer industriellen Einsatzmöglichkeit des

Laserstrahlschweißprozesses bei Aluminium-Kupfer-Verbindungen trotz auftretender metallurgischer Defekte, wie den intermetallischen Phasen.

1.2 Motivation und Anforderungen

Die vorliegende Arbeit stellt eine ganzheitliche, funktionale Betrachtung des Laserstrahl-Mikroschweißens von Aluminium-Kupfer-Verbindungen dar. Die Mikroverbindungen (verwendete Blechdicken kleiner 500 µm) werden auf mechanische und metallurgische Eigenschaften, aber auch auf die Hauptfunktionen der Verbindungen, die elektrischen Eigenschaften und die elektrische Belastbarkeit, untersucht. Erweitert werden die Untersuchungen durch den Einsatz von zwei Prozessüberwachungssystemen, um eine mögliche Umsetzung des Prozesses in der Produktion zu unterstützen.

Grundlegende Prozessanalysemethoden zur Auswertung von Schweißversuchen, wie Zugprüfung oder metallographische Analyse gelangen bei Aluminium-Kupfer-Verbindungen an ihre Grenzen. Schweißfehler wie Poren und Risse sowie die Bildung von harten und spröden intermetallischen Phasen sind üblich für diese Mischverbindung. Der Einfluss auf die Funktionsfähigkeit der Verbindung und deren Langzeitstabilität sind derzeit nicht ausreichend erforscht. Die Prozessentwicklung und -kontrolle durch Prozessüberwachungsmethoden (insbesondere der Einschweißtiefe) werden in dieser Arbeit durch die Prüfung des Übergangswiderstands, der Temperaturstabilität, der Stromtragfähigkeit und einer erweiterten mechanischen Belastung wie Vibration unterstützt.

Für den industriellen Einsatz von Aluminium-Kupfer-Verbindungen bestehen verschiedene Anforderungen, die im Folgenden in funktionale und prozesstechnische Anforderungen unterteilt werden:

Funktionale Anforderungen

- Mechanisch stabile Verbindung über die Lebensdauer
- Elektrische Kontaktierung mit möglichst geringem Übergangswiderstand (konstant über die Lebensdauer)

Prozesstechnische Anforderungen

- Spritzerarmer Prozess, um metallische Verunreinigungen in elektrotechnischen Bauteilen zu vermeiden
- Porenarme Verbindung
- Geringe Temperaturbelastung zum Schutz thermisch sensibler Bauteile (z.B. Batteriezellen)

- Konstante Einschweißtiefe zur Beherrschung der Materialdurchmischung
- Hohe Reproduzierbarkeit und Prozessgeschwindigkeit für den rentablen, industriellen Einsatz

Für die Beeinflussung der prozesstechnischen Anforderungen wird in der Arbeit das Laserstrahlschweißen mit brillanten Strahlquellen in Kombination mit einer örtlichen Leistungsmodulation also einer Überlagerung der Vorschubbewegung mit einer beispielsweise kreisförmigen Oszillation verwendet.

1.3 Zielsetzung

Ziel dieser Arbeit ist die zuverlässige Funktion von lasergeschweißten Aluminium-Kupfer-Verbindungen für elektrotechnische Anwendungen. Die Arbeit orientiert sich an folgenden drei Forschungsfragen:

- Welchen Einfluss haben die Prozessparameter (Leistung, Vorschubgeschwindigkeit, Leistungsmodulation) und die Schweißgeometrie auf die Nahtausbildung, die Materialdurchmischung und die Funktionseigenschaften?
- Welchen Einfluss haben thermische, elektrische und dynamische Belastungen auf die Funktionalität?
- Wie und mit welcher Präzision kann die Einschweißtiefe in Aluminium-Kupfer-Verbindungen prozessbegleitend durch Interferometrie und Spektrometrie bestimmt werden?

Zur Beantwortung der Fragen wird zunächst die funktionale und quantifizierbare Messgröße, der elektrische Übergangswiderstand, betrachtet (Kapitel 4). Mit Hilfe von Simulation und experimenteller Validierung wird der Einfluss von Nahteigenschaften und Nahtausführung auf den Widerstand analysiert. Ziel ist die Reduktion des Übergangswiderstands auf den Mittelwert der Grundmaterialien Aluminium und Kupfer. Durch stromflussoptimierte Nahtpositionierung soll der Übergangswiderstand der Verbindung zusätzlich gesenkt werden. Die relevanten Prozessgrößen (Laserleistung, Vorschub und Leistungsmodulation) besitzen einen großen Einfluss auf die Nahtform und Durchmischung der Materialien. Kapitel 5 stellt die Auswirkungen der Parameter im Überlapp- und Stumpfstoß dar. Im Überlappstoß wird mit der örtlichen Leistungsmodulation bei gleichbleibender, dem Prozess bereitgestellter Energie (konstante Laserleistung und Vorschubgeschwindigkeit) eine Erhöhung des stromtragenden Anbindungsquerschnitts angestrebt. Mit Hilfe von in-situ Durchstrahlversuchen mit Synchrotronstrahlung wird die Durchmischung der Werkstoffe während des Prozesses beobachtet. Für die funktionsorientierte Analyse der Verbindungen werden die Proben dynamisch, thermisch sowie elektrisch belastet und anhand der quantifizierbaren Messgrößen Übergangswiderstand und Zugfestigkeit ausgewertet. Ziel ist eine Schweißverbindung, die den Belastungen widersteht und eine möglichst geringe Veränderung der beiden Messwerte aufweist. Die resultierende, maßgebliche Messgröße mit Bezug zur Durchmischung der Werkstoffe ist die Einschweißtiefe, deren Messung in Kapitel 6 mit zwei Ansätzen erarbeitet wird. Optische Kohärenztomographie ermöglicht eine Messung der Dampfkapillartiefe, während eine spektrometrische Analyse der Prozessemissionen indirekt einen Rückschluss auf die Durchmischung und Einschweißtiefe im unteren Fügepartner eines Überlappstoßes zulässt.

Wie einleitend dargestellt besteht ein Bedarf an Aluminium-Kupfer-Verbindungen in der Batterietechnik. Diese Arbeit führt eine funktionsorientierte, fügetechnische Prozessentwicklung für den Einsatz von Aluminium-Kupfer-Verbindungen in einer automatisierten Produktion durch. Die Zielgrößen der Arbeit lassen sich mit Bild 3 zusammenfassen.

Bild 3: Zusammenhang von Prozess-, Stör-, und Messgrößen

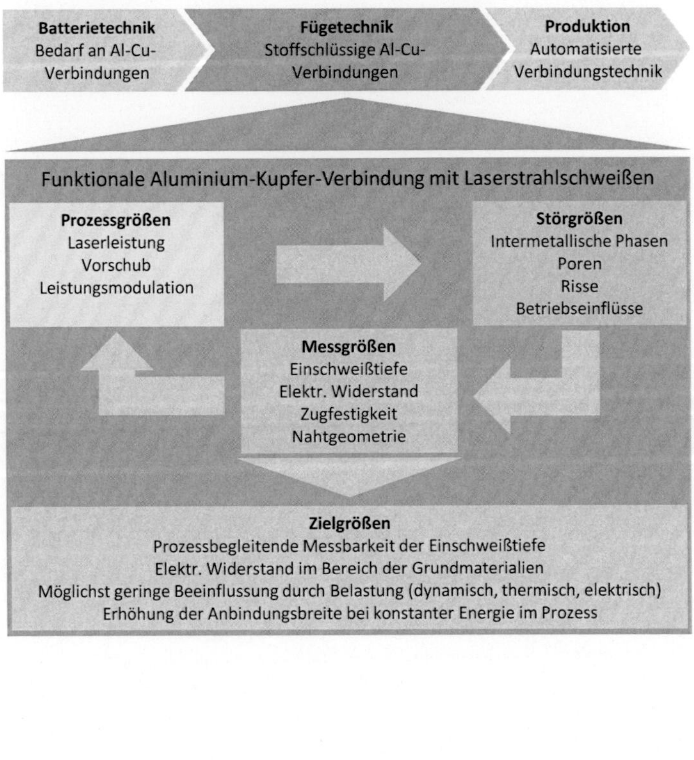

Das Analysedreieck besteht dabei aus Prozess-, Stör- und Messgrößen. Auf die Schweißverbindung wirken Störgrößen, deren Einfluss mit Hilfe der Messgrößen beschrieben werden kann. Auf Basis der Messgrößen können die Prozessgrößen beeinflusst werden, sodass die negativen Auswirkungen der Störgrößen auf die Verbindungsqualität reduziert und die Ziele erreicht werden.

2 Stand der Forschung und Technik

Das Laserstrahl-Mikroschweißen mit örtlicher Leistungsmodulation, das Laserstrahlschweißen artungleicher Verbindungen sowie die Untersuchung von Prozessüberwachungssystemen sind Analysegegenstand vieler Studien in den letzten Jahrzehnten. Die fortschreitende Entwicklung von Laserstrahlquellen mit hoher Brillanz sowie der notwendigen Systemtechnik erweitert kontinuierlich den Anwendungsbereich des Laserstrahl-Mikrofügens (Kapitel 2.1). Die hohe Strahlqualität und ein kleiner Fokusdurchmesser ermöglichen den Einsatz beim Fügen von thermisch und elektrisch hochleitenden Werkstoffen [HÄU21, S. 16–21]. Als Prozessmodifikation zur bedarfsgerechten Anpassung des Schweißnahtquerschnitts sowie zur Stabilisierung des Schweißprozesses kommen eine örtliche oder zeitliche Leistungsmodulation zum Einsatz (Kapitel 2.3) [SCH12]. Der präzise Energieeintrag ermöglicht auch das Fügen von artungleichen Materialkombinationen wie z.B. Aluminium und Kupfer. Als herausfordernde Fügeverbindung mit breitem Anwendungsfeld im Bereich der Elektrotechnik ist dieser Prozess Grundlage verschiedener Untersuchungen (Kapitel 2.4.1) [JAR18; LEI16; BAN18]. Insbesondere herausfordernde Prozesse benötigen im Produktionsumfeld die Möglichkeit zur Überwachung. Gängige Methoden im Bereich des Laserstrahlschweißens sind die Detektion des Prozessleuchtens, Spektrometrie oder die Messung der Einschweißtiefe mittels Optischer Kohärenztomographie (Kapitel 2.5).

Die vorliegende Arbeit nutzt den Stand der Technik im Bereich örtlicher Leistungsmodulation für die Weiterentwicklung des Laserschweißens artungleicher Verbindungen zusammen mit einer bedarfsgerechten Prozessüberwachung. Die örtliche Leistungsmodulation verbessert die Eigenschaften der artungleichen Verbindungen, während die prozessbegleitende Überwachung der Einschweißtiefe ein Maß der Schweißnahtqualität darstellt. Eine Einordnung der nachfolgenden Untersuchungen in den Stand der Technik ist graphisch im Anhang 11.1 in Bild 99 dargestellt. Im Folgenden werden die Grundlagen zum Laserstrahlschweißen sowie der Stand der Technik in den drei relevanten Themenbereichen (örtliche Leistungsmodulation, artungleiche Verbindungen und Prozessüberwachung) vorgestellt.

2.1 Laserstrahlschweißen mit Strahlquellen hoher Brillanz

Das Laserstrahlschweißen ist der Gruppe der Schmelzschweißprozesse zugeordnet und besitzt aufgrund einiger vorteilhafter Prozesseigenschaften eine weite industrielle Verbreitung. Mit der hohen Energiedichte des Laserstrahls können schlanke Schweißnahtgeometrien mit großem Verhältnis von Tiefe zu Breite erzeugt werden. Die hohe Prozessgeschwindigkeit und die geringe thermische Belastung führen zu reduziertem Verzug von Bauteilen und ermöglichen einen hohen Durchsatz bei der automatisierten Anwendung. Für den Einsatz bei spannungsbehafteten Bauteilen wie Batteriezellen bietet die berührungslose Bearbeitung mit dem Laserstrahl einen essenziellen Vorteil. [FAH12, S. 2, 84]

Die Entwicklung von Scheiben- und Faserlasern mit hoher Strahlqualität führt zu einer verbesserten Fokussierbarkeit und demzufolge zu kleinen Fokusdurchmessern (< 50 µm) des Laserstrahls. Strahlquellen, die hohe Leistungen auf eine kleine Fläche emittieren können, werden als brillant bezeichnet. Die höchste Brillanz wird dabei mit Single-Mode-Faserlasern im nahinfraroten Wellenlängenbereich ($\lambda = 1070$ nm) erreicht. [HEI20, S. 5]

Während [MIY04] im Jahr 2004 Untersuchungen zum Mikroschweißen mit Single-Mode-Laserstrahlung mit wenigen 100 W Laserleistung durchgeführt hat, sind mittlerweile multi-Kilowatt Systeme mit Strahlqualitäten $M^2 < 1{,}5$ erhältlich. Die damit erreichbaren kleinen Fokusdurchmesser ermöglichen einen Tiefschweißprozess bei hochreflektiven, hochwärmeleitenden Werkstoffen wie Kupfer oder Aluminium, siehe Kapitel 2.2.1. Zu Prozessbeginn absorbiert Kupfer ca. 5 % der Laserleistung im nahinfraroten Wellenlängenbereich der Faserlaser. Die hohe Intensität der Single-Mode-Faserlaser und die entsprechend hohe Energiedichte auf der Bauteiloberfläche führt dennoch zum Aufschmelzen und Verdampfen des Materials. Der Übergang vom festen zum flüssigen sowie zur Materialverdampfung führt zu einer Erhöhung der Energieeinkopplung und ermöglicht das Laserschweißen dieser Werkstoffe.

2.2 Energieeinkopplung und -transport beim Laserstrahlschweißen

Die DIN 1910 definiert das Schweißen als Fügeprozess bei dem unter Anwendung von Wärme und/oder Kraft mindestens zwei Teile auf Dauer verbunden werden. Beim Laserstrahlschweißen ist der Energieträger, der dem Prozess die benötige Wärme zuführt, der Laserstrahl. Bei der einmaligen Interaktion der Laserstrahlung mit einer Oberfläche gilt vereinfacht:

2.1 [POP11, S. 16]

$$R + T + A = 1 \ .$$

R: Reflexionsgrad [-]; T: Transmissionsgrad [-]; A: Absorptionsgrad [-]

Gleichung 2.1 beschreibt das Verhältnis des reflektierten, absorbierten und transmittierten Strahlungsanteils an einer Oberfläche. Abhängig von der Wellenlänge, Polarisation, Einfallswinkel, Oberflächenbeschaffenheit, Materialeigenschaften und Temperatur wird ein Teil der Strahlung an der Oberfläche reflektiert. Der Transmissionsgrad kann für die Untersuchungen in dieser Arbeit vernachlässigt werden, da die Materialdicke der metallischen

Werkstoffe deutlich höher ist als die optische Eindringtiefe. Die optische Eindringtiefe bei metallischen Werkstoffen und allen gebräuchlichen Wellenlängen liegt nach [HÜG09, S. 120] bei bis zu einigen zehn Nanometern und ist somit einige Potenzen kleiner als die hier verwendeten Probendicken von einigen 100 µm, sodass T = 0 gilt. Die eintreffende Strahlung wird demnach entweder absorbiert oder reflektiert. Der Anteil der absorbierten Strahlung ist insbesondere beim Schweißen von hochreflektiven Materialien wie Kupfer und Aluminium relevant, siehe 2.4.1.

Die Gleichung gilt für die einmalige Interaktion des Laserstrahls mit einer Oberfläche. Eine mehrfache Absorption wird in Kapitel 2.2.1 dargestellt. Für den Schweißprozess ist der absorbierte Energieanteil ungleich der Energie, die dem Prozess zur Verfügung steht, da weitere Effekte berücksichtigt werden müssen. Die Energiebilanz der in dieser Arbeit durchgeführten Schweißungen beschreibt nach [HÜG09, S. 117, 118] und [HÄU21, S. 9, 10] folgende Mechanismen:

- Die Energie E_{Laser} entspricht der Energie des Laserstrahls an der Bauteiloberfläche.
- Ein Teil von E_{Laser} wird an der Oberfläche reflektiert und steht dem Prozess nicht weiter zur Verfügung. Diese reflektierte Energie wird mit E_R bezeichnet.
- E_P ist die Energie, die dem Prozess zum Aufschmelzen und Verdampfen des Materials zur Verfügung steht.
- Aufgrund der Temperaturdifferenzen von Bearbeitungszone zum übrigen Werkstück findet Wärmeleitung statt, sodass ein konduktiver Energieverlust E_W abhängig von den Materialeigenschaften entsteht.
- Das Aufheizen der Prozesszone führt zu einer Emission thermischer Strahlung, der Energie E_{Str}.
- Eine Gasströmung an der Oberfläche, zum Beispiel durch die Zuführung von Schutzgas induziert, führt zu der verlustbehafteten konvektiven Energie E_K.

Die Energiebilanz des Gesamtsystems lässt sich folglich mit

2.2 [HÜG09, S. 117, 118; HÄU21, S. 10]

$$E_{Laser} = E_R + E_P + E_W + E_{Str} + E_K$$

E_{Laser}: Energie des Laserstrahls [J]; E_R: Reflektierte Energie [J]; E_P: Prozessenergie [J]; E_W: Konduktive Wärmeenergie [J]; E_{Str}: Wärmestrahlung [J]; E_K: Konvektive Wärmeenergie [J]

beschreiben. Für den Schweißprozess ist E_P die wichtigste Größe. Beim Schweißen von Metallen mit hoher Wärmeleitfähigkeit besitzt zusätzlich die konduktive Wärmeenergie einen großen Einfluss.

2.2.1 Prozessregime Wärmeleitungs- und Tiefschweißen

Beim Laserstrahlschweißen wird zwischen den zwei Prozessregimen, dem Wärmeleitungsschweißen und dem Tiefschweißen unterschieden. Basierend auf den Erkenntnissen in Kapitel 2.2 wird beim Auftreffen des Laserstrahls ein Teil der Energie absorbiert. Im Grundzustand befindet sich das Werkstück im festen Materialzustand und entsprechend findet eine einzelne Interaktion des Laserstrahls mit der Werkstückoberfläche statt. Hierbei ist der Absorptionsgrad für die Einbringung der Energie maßgeblich. Dieser steigt für metallische Werkstoffe wie beispielsweise Stahl und Kupfer mit zunehmender Temperatur der Werkstückoberfläche an [BLO03]. Bei Erreichen des Schmelzpunktes durch die Erwärmung des Materials aufgrund der Absorption der Laserstrahlung wird die Werkstückoberfläche schmelzflüssig. Aufgrund der Wärmeleitung im Werkstück vergrößert sich das Schmelzbad zu einem linsenförmigen Nahtquerschnitt, siehe Bild 4. Das resultierende Verhältnis von Einschweißtiefe zu Nahtbreite, das Aspektverhältnis, dieses sogenannten Wärmeleitungsschweißens, ist klein.

Bild 4: Schematische Darstellung vom Übergang Wärmeleitungs- zu Tiefschweißen

nach [HÜG09, S. 214,215; HEß12, S. 23]

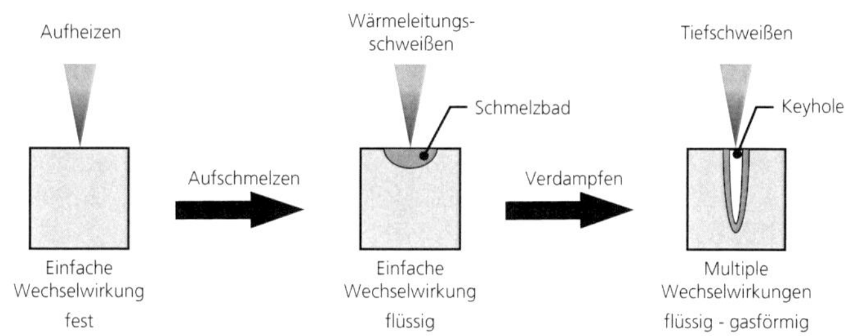

Das Überschreiten einer materialcharakteristischen Intensitätsschwelle führt zu einer Verdampfung des Materials und der Ausbildung einer Dampfkapillare. Anfangs erzeugt der Metalldampfdruck eine Mulde in der Schmelzbadoberfläche, an der die zunächst reflektierte Laserstrahlung erneut mit der Oberfläche interagiert. Diese mehrfache Wechselwirkung der Laserstrahlung führt zu einem sprunghaften Anstieg der eingekoppelten Energie. In der Folge bildet dieser Tiefschweißprozess eine schlanke, tiefe Dampfkapillare aus und führt zu Schweißnähten mit deutlich gesteigertem Aspektverhältnis (im Vergleich zum Wärmeleitungsschweißen). [HÜG09, S. 214, 215]

Da der Absorptionsgrad A aus Gleichung 2.1 aufgrund der mehrfachen Interaktion kein Maß für die in das Bauteil eingebrachte Energie darstellt, wird der Einkoppelgrad η als Verhältnis von absorbierter Leistung P_A und Gesamtleistung des Laserstrahls P_L gemäß

2.3 [HÜG09, S. 116]

$$\eta = \frac{P_A}{P_L}$$

η: Einkoppelgrad [-]; P_A: Absorbierte Leistung [W]; P_L: Laserleistung [W]

definiert.

Aufgrund der Aspektverhältnisse von größer 10:1 findet das Laserstrahltiefschweißen weite Verbreitung in der Industrie [POP11, S. 271, 272]. Die Bestimmung des Einkoppelgrades und damit die Analyse der Prozesseffizienz wird in einer Vielzahl an wissenschaftlichen Untersuchungen thematisiert [ENG11; HÄU21; KAW11]. So kann [ENG11] beim Laserstrahlschweißen von Kupferwerkstoffen Einkoppelgrade von 70-80% messen, obwohl der Absorptionsgrad der untersuchten Kupferwerkstoffe für die Laserwellenlänge (λ = 1030 nm) bei Raumtemperatur zwischen 4 und 8 % liegt. Für hochreflektive Werkstoffe ist die Nutzung des Tiefschweißeffekts demnach mit einer deutlichen Steigerung der Effizienz verbunden. Der Schwellwert zum Tiefschweißen, als Verhältnis von Laserleistung zu Fokusdurchmesser lässt sich mit Gleichung 2.4 bestimmen:

2.4 [HÜG09, S. 216; BEC96, S. 132]

$$\frac{P_L}{d_f} = \frac{T_v \cdot k}{A} \cdot \sqrt{\frac{Pe}{4} + 1{,}1}\,.$$

P_L: Laserleistung [W]; d_f: Fokusdurchmesser [m]; T_v: Verdampfungstemperatur [K]; k: Wärmeleitfähigkeit [W/m·K^{-1}]; A: Absorptionsgrad [-]; Pe: Péclet-Zahl [-]

Die enthaltene Péclet-Zahl ist eine dimensionslose Kennzahl basierend auf Schweißgeschwindigkeit, Fokusdurchmesser und Temperaturleitfähigkeit des Materials. Durch die Péclet-Zahl wird der Einfluss eines bewegten Strahls beim Laserstrahlschweißen berücksichtigt. Stark vereinfacht kann die Péclet-Zahl abhängig von Vorschubgeschwindigkeit, Fokusdurchmesser und Temperaturleitfähigkeit gemäß Gleichung 2.5 berechnet werden. [HÜG09, S. 143-148]

2.5 [BEC96, S. 132]

$$Pe = \frac{v_f \cdot d_f}{\kappa}$$

Pe: Péclet-Zahl [-]; v_f: Vorschubgeschwindigkeit [m/s]; d_f: Fokusdurchmesser [m]; κ: Temperaturleitfähigkeit [10^{-6}·m²/s]

Werte für die Tiefschweißschwelle von Aluminium [HÜG09, S. 216, 217], Stahl und Kupfer hat [HEß12, S. 28] in folgender Tabelle zusammengefasst:

Tab. 1: Tiefschweißschwelle in Korrelation mit der Wärmeleitfähigkeit

[HEß12, S. 28] [HÜG09, S. 216, 217]

Werkstoff	Schwellwert P_L/d_f [kW/mm]	Wärmeleitfähigkeit k [W/(mK)]
Stahl	~1	~50
Aluminium	~4	~200
Kupfer	~10	~400

Wie in Tab. 1 erkennbar, besteht ein Faktor 2,5 zwischen dem Schwellwert von Aluminium und Kupfer. Für einen stabilen Tiefschweißprozess muss dieser Schwellwert sicher überschritten werden [HEß12, S. 28].

2.2.2 Dynamik und Geometrie der Dampfkapillare

Die Qualität des Schweißprozesses und die Schweißnahtgeometrie werden maßgeblich von der Geometrie und Stabilität der Dampfkapillare bestimmt. Instabilitäten der Dampfkapillare sind Ursache für Schwankungen in der Einschweißtiefe oder Porenbildung. Die Tiefe einer stabilen Kapillare korreliert mit der Tiefe der resultierenden Schweißnaht.

Die Entstehung der Dampfkapillare ist nach Kapitel 2.2.1 von der Laserleistung bzw. der Intensität abhängig. Doch auch die Vorschubgeschwindigkeit beim Laserstrahlschweißen hat einen Einfluss auf die Form der Dampfkapillare und folglich auf die Einschweißtiefe und Prozessstabilität. Durchschweißversuche von Stahlfolien (1 mm Dicke) mit einem 600 µm Fokusdurchmesser sowie numerische Berechnungen führen nach [FAB05] zu einem geometrischen Model der Dampfkapillare, siehe Bild 5 links.

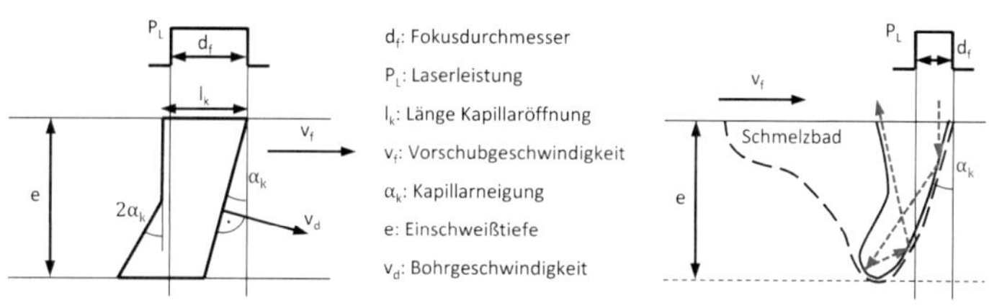

Bild 5: Schematische Darstellung der Dampfkapillare in Seitenansicht

Links: [FAB05] Rechts: [WEB10, S. 43]

Die Kapillarfront ist um einen Winkel α_k zur Lasereinfallsrichtung geneigt. An der resultierenden schrägen Fläche wird der Laserstrahl absorbiert und teilweise reflektiert. Die absorbierte Energie verschiebt diese Fläche in das Material. Die Geschwindigkeit dieser Fläche wird als Bohrgeschwindigkeit v_d bezeichnet. Zusammen mit der Vorschubgeschwindigkeit v_f ergibt sich eine Abhängigkeit des Neigungswinkels zu

2.6
[FAB10]

$$\cos \alpha_k = \frac{v_d}{v_f} \ .$$

α_k: Kapillarneigung [°]; v_d: Bohrgeschwindigkeit [mm/s]; v_f: Vorschubgeschwindigkeit [mm/s]

Die Rückwand der Kapillare verläuft erst senkrecht und knickt im unteren Bereich um den zweifachen Neigungswinkel α_k nach hinten ab. Die numerische Abhängigkeit des Neigungswinkels der Kapillare von der Vorschubgeschwindigkeit kann [FAB05] experimentell bestätigen und zusätzlich fünf vorschubabhängige Prozessregime erkennen [FAB10]:

1. $v_f < 5$ m/min:
   Kleiner Neigungswinkel der Dampfkapillare mit großem Schmelzbad und hoher Schmelzbaddynamik an der Oberfläche

2. 6 m/min $< v_f <$ 8 m/min:
   Entstehung einer periodischen Schmelzbadwelle an der Rückseite der Dampfkapillare

3. 9 m/min $< v_f <$ 11 m/min:
   Reduzierte Wellenbewegung an der Schmelzbadoberfläche, dafür deutlich verlängertes Schmelzbad

4. 12 m/min $< v_f <$ 19 m/min:
   Stabile, aber geneigte Dampfkapillare, kleine Wellen auf der Schmelzbadoberfläche, aufsteigende Schmelze an der Kapillarrückwand, beidseitiger Nahteinfall nach Erstarrung

5. $v_f > 20$ m/min:
   Humping-Regime, starke Neigung der Dampfkapillare, periodische Aufwürfe der Schmelzbadoberfläche

Zusätzlich wird die Kapillarneigung durch den Fokusdurchmesser und die Laserleistung beeinflusst. So führt in [WEB10, S. 32] eine Reduktion des Strahldurchmessers zu kleineren Neigungen, während die Reduktion der Laserleistung den Neigungswinkel erhöht.

Auch bei Kupfer oder Kupfer-Aluminium-Verbindungen wird ein Einfluss der Neigung auf das Schweißergebnis festgestellt [HEß12, S. 124-126; LEI16, S. 121-125]. Die mit dem Vorschub steigende Neigung kann zu einem erhöhten Impuls auf die Rückwand der Dampfkapillare aufgrund des abströmenden Metalldampfes führen. Die Dampfkapillarform wechselt in Kupfer von einer geraden, spitz zulaufenden Nadel zu einer bauchigen Geometrie mit reduzierter Einschweißtiefe (siehe Bild 6). Der Effekt wird durch die von der Dampfkapillarrückwand absorbierten Laserstrahlung verstärkt. [HEß12, S. 124-126]

Bild 6:
Schematische Darstellung der Kapillargeometrie in Kupfer mit steigender Vorschubgeschwindigkeit

[HEß12, S. 125]

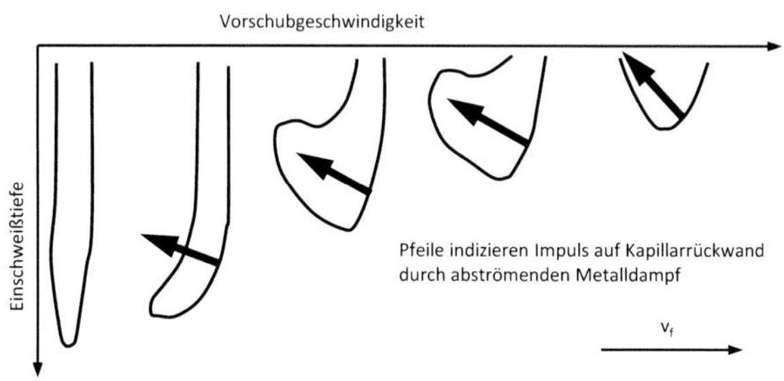

Wissenschaftliche Untersuchungen zur Kapillargeometrie stützen sich nicht nur auf eine äußere Beobachtung mittels Hochgeschwindigkeitsvideographie, sondern vielfach wird auch eine Durchstrahlung der Schweißprobe mittels Röntgen- oder Synchrotronstrahlung verwendet [MIY16; WAG21]. Mit Hilfe der energiereichen Röntgenstrahlung, siehe Kapitel 2.6, kann die Phasengrenze flüssig-gasförmig sichtbar gemacht werden. Für kleine Vorschubgeschwindigkeiten ($v_f \sim 1$ m/min) bildet sich in Aluminium eine zylinderförmige Dampfkapillare. Die Aufnahmen unterstützen neben der Analyse der Form und Stabilität auch das Verständnis von Porenbildung und Schmelzbadbewegungen. So können beim Schweißen von Aluminium die Porenentstehung am Kapillargrund sowie die Bewegung der Poren im Schmelzbad sichtbar gemacht werden. [MIY16; MIY17]

2.2.3 Fluiddynamik im Schmelzbad

Während in den vorangegangenen Kapiteln die Energieeinkopplung des Laserstrahls diskutiert wird, wird in diesem Kapitel der Energietransport innerhalb der Schmelze erläutert. Hierbei wird insbesondere der konvektive Wärmetransport über Strömungen betrachtet, da dieser verantwortlich für die Durchmischung der Fügepartner und die Ausprägung der Schweißnaht ist. Dabei sind grundlegend drei Mechanismen zu betrachten: die Kapillarumströmung, die Metalldampfströmung und die Marangoni-Strömung, Bild 7 [BEC96, S. 62-68]. Die Wechselwirkung dieser Strömungsmechanismen führt zu komplexen, turbulenten Strömungen im Schmelzbad und verursacht Fehlstellen wie Poren und Lunker. Die Analyse der Schmelzbadströmungen unterstützt die Auslegung eines stabilen Laserstrahlschweißprozesses. Analysemethoden sind die videographische Beobachtung der Schmelzbadoberfläche [FAB08] oder, wie zuvor schon erwähnt, die röntgenographische Untersuchung. Hierbei können die Schmelzbadströmungen bei artungleichen Materialien bereits durch einen Dichteunterschied als Hell-Dunkel-Kontrast beobachtet werden [LEI16, S. 113-130]. Alternativ können

Indikatorpartikel in das Material eingebracht und auf den röntgenographischen oder auch in metallographischen [HEß12, S. 98-108] Aufnahmen verfolgt werden. [HÜG09, S. 230-232; MIC04, S. 21- 25]

Bild 7: Schematische Darstellung der Antriebsmechanismen für die Schmelzbadströmung

[BEC96, S. 62-69]

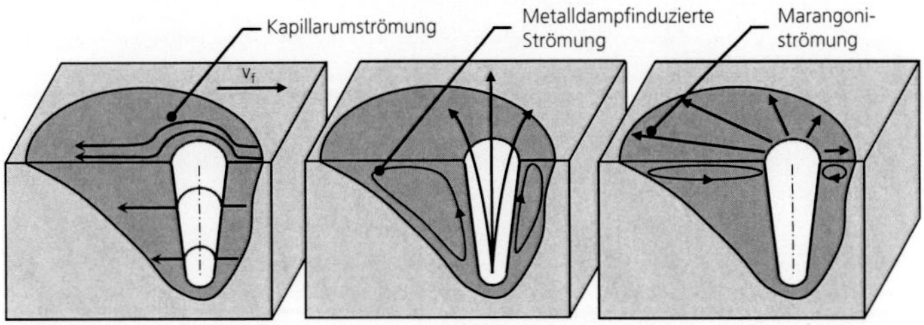

Die Kapillarumströmung wird durch die Relativbewegung von Laserstrahl und Werkstück induziert. Die Bewegung der Dampfkapillare im Schmelzbad verdrängt die Schmelze vor der Kapillare und führt zu einer horizontalen Schmelzeströmung entgegen der Vorschubrichtung. Die Strömungsgeschwindigkeiten sind nahe der Dampfkapillare am höchsten und nehmen in Richtung fest-flüssig Phasengrenze ab. Dabei bestehen Abhängigkeiten von Materialeigenschaften wie Wärmeleitfähigkeit oder Kapillardurchmesser bzw. Fokusdurchmesser. Kleinere Kapillardurchmesser führen zu weniger Turbulenzen und entsprechend einem ruhigeren Schweißprozess. Die Kapillarumströmung ist insbesondere bei hohen Vorschubgeschwindigkeiten der dominierende Mechanismus. Die starke Abhängigkeit von thermophysikalischen Materialeigenschaften führt zu einer geringeren Umströmungsgeschwindigkeit beim Schweißen von Aluminium und Kupfer im Vergleich zu Eisen oder Titanwerkstoffen. [BEC96, S. 63-71; SCH12, S. 27, 28]

Der zweite Antriebsmechanismus für Schmelzbadströmungen ist ein Impulsübertrag des austretenden Metalldampfes an die Schmelze entlang der Kapillarwand. Dadurch wird ein aufwärtsgerichteter Schmelzestrom erzeugt, der an der Schmelzbadoberfläche zunächst seitlich und dann in Richtung Kapillargrund abgelenkt wird. Der entstehende Wirbel transportiert heißes Material vom Kapillargrund an die Oberfläche und kann zu einer Verbreiterung des Schmelzbades in diesem Bereich führen. [HÜG09, S. 240-242]

Temperaturdifferenzen an der Schmelzbadoberfläche führen aufgrund der Temperaturabhängigkeit zu einem Gradienten der Oberflächenspannungen. Die meisten Eisenlegierungen besitzen einen negativen Temperaturkoeffizienten in Bezug auf die Oberflächenspannung, sodass die Schmelze in Richtung der kühleren, fest-flüssig Phasengrenze beschleunigt wird. [BEC96, S. 67, 68] Aluminium besitzt ebenfalls einen negativen Temperaturkoeffizienten im Bereich von 0,9 N/m (bei Schmelztemperatur) SAR13. Kupfer besitzt mit 1,3 N/m (bei Schmelztemperatur) bei negativem Temperaturkoeffizienten eine höhere Oberflächenspannung. [EGR10]

Die zuvor einzeln betrachteten Strömungen werden in einer realen Schweißnaht zu einem komplexen Strömungsfeld überlagert und stellen nur einen grundlegenden Ansatz für die Analyse von Schmelzbaddynamik und Durchmischung dar. Welche Strömung dominiert, ist dabei stark von Laserparametern und Materialeigenschaften abhängig. Beim Schweißen mit kleinen Fokusdurchmessern konnte [SCH12, S. 100, 101] die Einflüsse beobachten und basierend auf Strömungen heißen Materials eine Erklärung für eine Stufe in der Erstarrungsgrenze herleiten. Die unterschiedlichen Materialeigenschaften führen auch bei artungleichen Werkstoffen wie Aluminium und Kupfer zu komplexen Strömungen, die in [LEI16, S. 121-130] untersucht und in dieser Arbeit in Kapitel 5.3 näher betrachtet werden.

2.3 Laserstrahl-Mikroschweißen mit Leistungsmodulation

Beim Laserstrahlschweißen wird zwischen verschiedenen Prozessführungen unterschieden, die sich zunächst hinsichtlich einer Relativbewegung zwischen Werkstück und Laserstrahl unterscheiden [SCH12, S. 6-8]. Beim Punktschweißen und Simultanschweißen findet während des Prozesses keine Relativbewegung statt. So können mit Punktschweißungen über einzelne Laserpulse z.B. elektrische Kontaktierungen hergestellt werden [OST12]. Beim Simultanschweißen wird die Strahlgeometrie an die Anwendung angepasst. Die angepasste Strahlgeometrie führt in der Regel zu einer reduzierten Intensität und ist somit eher zum Fügen von Kunststoffen geeignet [ROE08].

Die Kombination von Punktschweißen mit einer Relativbewegung wird als Pulsnahtschweißen bezeichnet. Die Überlappung der einzelnen Punktschweißungen führt so zu Schweißnähten in Linienform oder komplexeren Geometrien.

Der Einsatz von kontinuierlich emittierenden Strahlquellen ermöglicht das Schweißen einer kontinuierlichen Schweißnaht. Durch die Entwicklung hochbrillanter Faserlaser mit kleinem Fokusdurchmesser wird diese Prozessführung auch für das Schweißen im Mikrobereich relevant. Daraus resultieren Schweißnähte mit geringem Wärmeeintrag, kleiner Schweißnahtbreite und geringem Anbindungsquerschnitt. Um bezüglich des geringen Anbindungsquerschnitts Abhilfe zu schaffen, werden beim Mikroringschweißen kleine Kreisgeometrien mit mehrfachem Umlauf geschweißt. Der erste Umlauf erzeugt dabei eine ringförmige Einschweißtiefe, deren Innenvolumen aufgrund von Wärmeleitung und weiteren Umläufen aufgeschmolzen wird. [POP11, S. 328-335; GED09]

Die örtliche Leistungsmodulation beim Laserstrahl-Mikroschweißen ist die Kombination der vielversprechenden Ergebnisse vom Mikroringschweißen mit der linearen Vorschubbewegung beim Nahtschweißen. Dadurch ergibt sich eine spiralförmige Bahn, mit der der Laserstrahl über die Bauteiloberfläche bewegt wird. Das Potential zur Verbesserung der Prozessstabilität, der gewonnene Freiheitsgrad zur Nahtformung, die Prozesseffizienz und das Schweißen von als schwierig schweißbar geltenden Materialkombination ist hierbei im Fokus wissenschaftlicher Untersuchungen im Bereich des Laserstrahl-Mikrofügens [SCH12; HAE17a; JAR18; HEI20].

Neben dem Kreis als Oszillationsbewegung sind auch andere ein- oder zweidimensionale Oszillationsbewegungen möglich. Lassen sich die Oszillationsbewegungen mit Hilfe von Sinus- oder Cosinusfunktionen beschreiben, werden sie als harmonische Oszillation bezeichnet. Beispiele hierfür sind die kreisförmigen, ovalen oder achtförmigen Oszillationsgeometrien. Nicht harmonische Schwingungen können rechteckige, sägezahnförmige oder dreieckige Geometrien sein. [MAH07; SCH12, S. 31]

Mit der Variation von Oszillationsfrequenzen und -amplituden in x- und y-Richtung, sowie der Phasenverschiebung und der Vorschubgeschwindigkeit lassen sich periodische Lissajous Figuren gemäß

2.7

$$x(t) = x_0 + v_f \cdot t + A_{s,x} \cdot \sin\left(2\pi \cdot f_{s,x} \cdot t + \varphi_x\right)$$

[SCH12, S. 33]

$$y(t) = y_0 + A_{s,y} \cdot \sin\left(2\pi \cdot f_{s,y} \cdot t + \varphi_y\right)$$

x: Raumkoordinate in Vorschubrichtung [mm]; y: Raumkoordinate transversal zur Vorschubrichtung [mm]; x_0, y_0: Startposition in x-/ y-Richtung [mm]; t: Zeit [s]; v_f: Vorschubgeschwindigkeit [mm/s]; $A_{s,x}$, $A_{s,y}$: Oszillationsamplitude in x-/ y-Richtung [mm]; $f_{s,x}$, $f_{s,y}$: Oszillationsfrequenz in x-/ y-Richtung [Hz]; φ_x, φ_y: Phase der Oszillation in x-/ y-Richtung [-]

darstellen. Bei einer kreisförmigen Oszillationsgeometrie vereinfachen sich die Funktionen, weil die Frequenzen und Amplituden in x- und y-Richtung gleich sind. Zudem besteht eine Phasendifferenz von $\Delta\varphi = \varphi_x - \varphi_y = -\pi/2$. Die Überlagerung einer Kreisbewegung mit dem Vorschub erzeugt einen periodischen Wechsel der Bahngeschwindigkeit. [SCH12, S. 31-35]

Die Bahngeschwindigkeit lässt sich mit der ersten Ableitung der Funktionen 2.7 bestimmen:

2.8 [SCH12, S. 33]

$$v_x(t) = \dot{x}(t) = v_f + 2\pi \cdot f_{s,x} \cdot A_{s,x} \cdot \cos\left(2\pi \cdot f_{s,x} \cdot t + \varphi_x\right)$$

$$v_y(t) = \dot{y}(t) = 2\pi \cdot f_{s,y} \cdot A_{s,y} \cdot \cos\left(2\pi \cdot f_{s,y} \cdot t + \varphi_y\right)$$

v_x: Bahngeschwindigkeit in Vorschubrichtung [mm]; v_y: Bahngeschwindigkeit transversal zur Vorschubrichtung [mm]; t: Zeit [s]; v_f: Vorschubgeschwindigkeit [mm/s]; $A_{s,x}$, $A_{s,y}$: Oszillationsamplitude in x-/ y-Richtung [mm]; $f_{s,x}$, $f_{s,y}$: Oszillationsfrequenz in x-/ y-Richtung [Hz]; φ_x, φ_y: Phase der Oszillation in x-/ y-Richtung [-]

Für die Gestaltung der Schweißnahtgeometrie stehen bei Einsatz einer kreisförmigen Oszillation durch Frequenz und Amplitude weitere Parameter zur Verfügung. Zum Vergleich von Oszillationsgeometrien wird der Überlappgrad als Kennzahl definiert durch:

2.9 [SCH12, S. 37; HÄU21, S. 23]

$$U = \frac{x_{max,1} - x_{min,2}}{x_{max,1} - x_{min,1}} = \frac{\sqrt{4{A_s}^2 - \left(\frac{v_f}{\pi \cdot f_s}\right)^2} - \frac{v_f}{2\pi \cdot f_s} \cdot \left(3\pi + 2 \cdot arcsin\left(-\frac{v_f}{2\pi \cdot f_s \cdot A_s}\right)\right)}{\sqrt{4{A_s}^2 - \left(\frac{v_f}{\pi \cdot f_s}\right)^2} - \frac{v_f}{2\pi \cdot f_s} \cdot \left(\pi + 2 \cdot arcsin\left(-\frac{v_f}{2\pi \cdot f_s \cdot A_s}\right)\right)}$$

U: Überlappgrad [-]; $x_{max,1}$: Maximum der ersten Oszillation in x-Richtung [mm]; $x_{min,1}$: Minimum der ersten Oszillation in x-Richtung [mm]; $x_{min,2}$: Minimum der zweiten Oszillation in x-Richtung [mm]; A_s: Oszillationsamplitude [mm]; f_s: Oszillationsfrequenz [Hz]; v_f: Vorschubgeschwindigkeit [mm/s]

Der Überlappgrad ist ursprünglich eine Kennzahl aus dem Punktnahtschweißen und beschreibt bei der örtlichen Leistungsmodulation die Überlappung zweier aufeinanderfolgender Oszillationen. Die Bahn einer Schweißkontur mit kreisförmiger Oszillation sowie die zugehörige, resultierende Bahngeschwindigkeit sind in Bild 8 dargestellt.

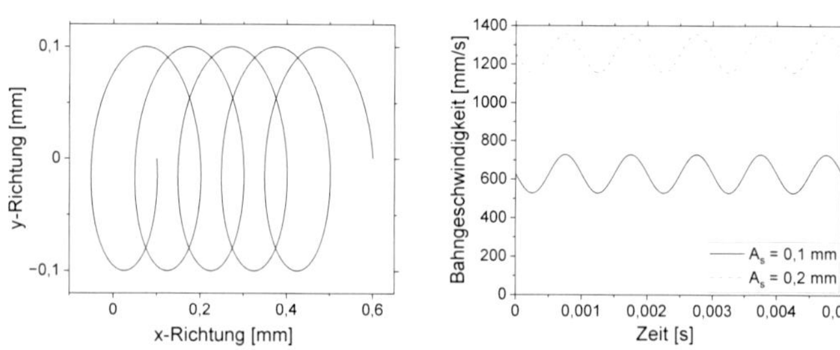

Bild 8: Kontur mit kreisförmiger örtlicher Leistungsmodulation (links) und der resultierenden Bahngeschwindigkeit (rechts)

v_f = 100 mm/s
f_s = 1000 Hz
links: A_s = 0,1 mm

Nach [SCH10; HÄU21]

Während beim konventionellen Nahtschweißen die durch Wärmeleitung seitlich ins Bauteil abgegebene Energie verloren ist, wird mit einer kreisförmigen örtlichen Leistungsmodulation ein Teil dieser Energie erneut genutzt. Die nach innen gerichteten Wärmeleitungsverluste werden von der spiralförmigen Bahnbewegung eingeschlossen und bereits erwärmte Bereiche werden erneut vom Laserstrahl überfahren. Die Ausnutzung dieser Wärmeleitung und sich ergebende Wärmestaueffekte führen zu einer erhöhten Prozesseffizienz. [HÄU21, S. 45, 46]

Die Bewegung des Laserstrahls und damit der Dampfkapillare beeinflusst auch das Schmelzbad. Beim Schweißen von CuSn6 kann zwischen drei Bewegungsregimen an der Schmelzbadoberfläche unterschieden werden, siehe Bild 9. Vergleichbar zum konventionellen Schweißen entsteht beim Schweißen mit kleinen Oszillationsamplituden ein stationäres Schmelzbad, in dem die Dampfkapillare kontinuierlich bewegt wird. Das Schmelzbad besitzt die Breite der resultierenden Schweißnaht und bewegt sich mit der linearen Vorschubgeschwindigkeit durch das Bauteil. Im Bereich des pendelnden Schmelzbadregimes kann eine Bewegung des Schmelzbades transversal zum linearen Vorschub beobachtet werden. Die resultierende erstarrte Schweißnaht ist dementsprechend breiter als das Schmelzbad während des Prozesses. Dieses Regime entsteht durch eine Erhöhung der Oszillationsamplitude. Bei weiterer Erhöhung der Amplitude verfällt das Schmelzbad in einen zirkulierenden Zustand. Das Schmelzbad folgt in diesem Regime der Dampfkapillare und beschreibt ebenfalls eine kreis- bzw. spiralförmige Bahn. Die Ausprägung der Regime ist abhängig von Materialeigenschaften, insbesondere der Wärmeleitfähigkeit, den Prozessparametern Laserleistung und linearem Vorschub sowie den Oszillationsparametern Frequenz und Amplitude. [HAE17b]

Bild 9: Schematische Darstellung der Bewegungsregime der Schmelzbad-oberfläche

[HAE17b]

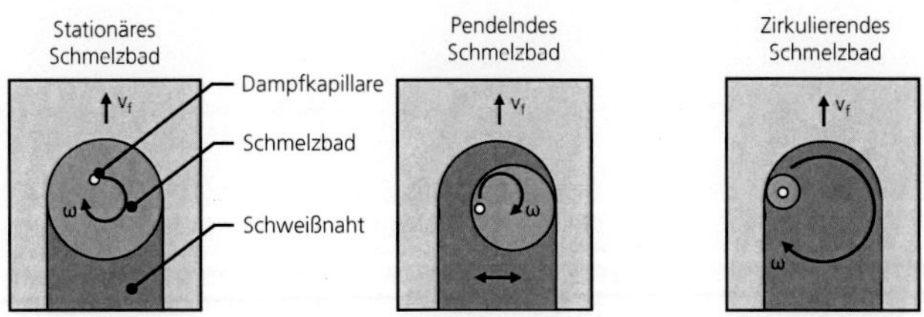

Der Vergleich von Schweißnähten mit und ohne kreisförmige örtliche Leistungsmodulation bei gleicher Laserleistung und Vorschub zeigt eine Reduktion der Einschweißtiefe und Erhöhung der Schweißnahtbreite [SCH10]. Durch Steigerung der Oszillationsamplitude wird dieser Effekt verstärkt [GED11, S. 88]. Der Einsatz der örtlichen Leistungsmodulation ist Grundlage diverser wissenschaftlicher Untersuchungen. Einige Beispiele dafür sind in Tab. 2 aufgelistet. Neben dem verwendeten Material sind die maximale verwendete Laserleistung sowie der Strahldurchmesser für eine grobe Einordnung der Dimensionen angegeben.

Tab. 2: Wissenschaftliche Untersuchungen zum Laserstrahlschweißen mit örtlicher Leistungsmodulation

Quelle	Anordnung und Parameterraum	Thematik und Ergebnis
[SCH10]	CuSn6, Edelstahl $P_{L,max}$: 200 W d_f: <30 µm* kreisförmig	Grundlegende Untersuchung der kreisförmigen örtlichen Leistungsmodulation im Mikrobereich, Betrachtung hochdynamischer Systeme zur Strahlablenkung → Erweiterte Nahtformung mit Oszillation
[HAE17a]	CuSn6 $P_{L,max}$: 400 W d_f: 25 µm kreisförmig	Experimentelle und simulative Untersuchung der Einschweißtiefenkonstanz und Oberflächenrauheit in Abhängigkeit vom Überlappgrad → Reduktion der Oberflächenrauheit und Varianz der Einschweißtiefe mit steigendem Überlappgrad
[HEI19]	AlMg4,5Mn, AlMgSi1 $P_{L,max}$: 400 W d_f: 15 µm kreisförmig	Einfluss der örtlichen Leistungsmodulation auf Poren- und Rissbildung in Aluminium →Änderung der Rissausrichtung durch geänderte Schmelzbadbewegung, erhöhte Porenbildung
[FRA21]	Cu-ETP $P_{L,max}$: 5000 W d_f: 200 µm kreisförmig	Einfluss der örtlichen Leistungsmodulation auf die Nahtform und Qualität beim Schweißen von Kupfer → Reduktion der Oberflächendefekte, Spritzer und Poren
[LI21]	Edelstahl $P_{L,max}$: 3000 W d_f: 540 µm pendelnd, kreisförmig	Einfluss der Oszillation auf Dampffackel und Schmelzbad → Stabilere Dampffackel, Energiedeposition beeinflusst Erstarrungsverhalten und reduziert Porenbildung
[MEH14]	CuSn6, DC04 $P_{L,max}$: 200 W d_f: 40 µm kreisförmig	Artungleiche Schweißverbindungen für die elektrische Kontaktierung von Batteriezellen → Steigerung der Zugfestigkeit
[JAR18]	Cu-OF, Al99,5 $P_{L,max}$: 3250 W d_f: 280 µm pendelnd	Einfluss einer pendelnden Oszillation auf Geometrie und elektrischen Widerstand bei Aluminium-Kupfer-Schweißungen → Unabhängige Einstellung von Tiefe und Breite der Schweißnaht, geringerer elektrischer Widerstand durch Erhöhung der Anbindungsbreite

Der Einsatz der örtlichen Leistungsmodulation hat demnach einen weitreichenden Einfluss auf die Qualität eines Laserstrahlschweißprozesses. Neben der erweiterten Möglichkeit zur Nahtformung können positive Effekte in Bezug auf die Oberflächenrauheit, Oberflächendefekte, Poren, Spritzer sowie die mechanischen und elektrischen Eigenschaften beobachtet werden. Für diese Arbeit sind insbesondere die Ergebnisse zur erweiterten Nahtformung [SCH10] bzw. der erhöhten Schweißnahtbreite [JAR18] relevant, da hierdurch ein erhöhter stromtragender Querschnitt im Überlapp erreicht werden kann. Dies führt zu einer Reduktion des Übergangswiderstands und einer Verbesserung der elektrischen Funktion der Verbindung. Im Gegensatz zu [JAR18] wird in dieser Arbeit ein deutlicher kleinerer Strahldurchmesser (ca. 40 µm) und eine kreisförmige Oszillation verwendet. Beides besitzt Vorteile bei der Energieeinbringung und -nutzung sowie bei der Konstanz der Einschweißtiefe [HAE17a, HÄU21]. Die Einschweißtiefe hat beim Schweißen von Aluminium und Kupfer aufgrund intermetallischer Phasenbildung einen großen Einfluss auf die Qualität.

Zusätzlich zu der örtlichen Modulation der Energiedeposition kann auch eine zeitliche Leistungsmodulation beim Laserstrahlschweißen eingesetzt werden. Hierbei kann die Energieeinbringung z.B. durch Leistungsrampen angepasst werden, um die unterschiedlichen Bauteiltemperaturen beim Schweißbeginn und Schweißende zu berücksichtigen. Ebenfalls möglich ist eine sinusförmige Modulation der Laserleistung über die gesamte Schweißnaht hinweg. Eine Steigerung der Einschweißtiefe in Kupfer sowie eine Reduktion der Fehlstellen können dabei beobachtet werden. [HEI15]

Durch Synchronisation von örtlicher und zeitlicher Leistungsmodulation kann der Einfluss der Asymmetrie einer kreisförmigen Oszillation reduziert werden. Die variierende Bahngeschwindigkeit und die damit variierende Streckenenergie können durch die Modulation der Laserleistung ausgeglichen werden. [HÄU21, S. 103-105]

2.4 Laserstrahl-Mikroschweißen von Aluminium-Kupfer-Verbindungen

Die Fügeverbindung von Aluminium und Kupfer findet vielfältige Anwendungsmöglichkeiten beim Übertragen von elektrischem Strom. Funktionsbedingt besitzen aktuelle Li-Ionen Batteriezellen sowohl eine Elektrode aus Kupfer als auch eine aus Aluminium. Bei der Verschaltung der Batteriezellen zu Batteriemodulen oder -packs muss zwangsläufig eine artungleiche Fügeverbindung geschaffen werden. Außerdem besitzen beide Materialien Eigenschaften, die auch in der Leistungselektronik oder anderen stromtragenden Anwendungen eine Kombination der Materialien interessant macht. Während die höhere elektrische Leitfähigkeit von Kupfer volumetrisch betrachtet vorteilhaft ist, so besitzt Aluminium nur 30% der Dichte von Kupfer, aber über 50% der elektrischen Leitfähigkeit, siehe Tab. 3.

Tab. 3: Materialeigenschaften von Aluminium (Al99,5) und Kupfer (Cu-ETP)

[DKI05; HUM20b; HES16, S. 1-9]

Materialeigenschaft (T = 20 °C)	**Einheit**	**Al99,5**	**Cu-ETP**
Dichte ρ	g/cm³	2,7	8,9
Schmelzpunkt T_S	°C	660	1083
Wärmeleitfähigkeit k	$W/m \cdot K^{-1}$	210-220	394
Elektrische Leitfähigkeit κ	MS/m	34-36	57
Wärmeausdehnungskoeffizient α	$10^{-6} \cdot K^{-1}$	23,5	17
Absorptionsgrad A ($\lambda \approx 1070$ nm)	%	~ 8	~ 5

Beim Laserstrahlschweißen von Aluminium-Kupfer-Verbindungen treten besondere Herausforderungen auf:

- Geringer Absorptionsgrad bei infraroten Faserlasern
- Unterschiedliche Materialeigenschaften, wie Wärmeleitfähigkeit, Schmelzpunkt und Ausdehnungskoeffizient
- Intermetallische Phasenbildung

Im folgenden Kapitel 2.4.1 wird auf den Absorptionsgrad und den aktuellen Stand der Forschung und Technik eingegangen. Die Grundlagen der intermetallische Phasenbildung werden in Kapitel 2.4.2 separat betrachtet.

2.4.1 Grundlagen des Fügens artungleicher Verbindungen

Zum Schweißen von hoch wärmeleitenden Materialien wird gemäß Kapitel 2.2.1 eine hohe Intensität benötigt. Dem gegenüber steht der geringe Absorptionsgrad bei Raumtemperatur von Aluminium und Kupfer von unter 10% im Bereich der Wellenlänge von $\lambda = 1070$ nm. Daher sind in der aktuellen Forschung Untersuchungen mit Wellenlängen im sichtbaren Bereich zu finden. Bei Cu-ETP steigt der Absorptionsgrad bei $\lambda = 515$ nm (grün) auf rund 60%, bei $\lambda = 450$ nm (blau) auf bis zu 70% bei Raumtemperatur. Für Al99,5 ist dieser Anstieg geringer, hier kann eine Steigerung auf knapp 20% gemessen werden. [HUM20b; HUM20a] Die höhere Absorption führt insbesondere zu einer besseren Einkopplung sowie einem geringeren Risiko für die gegenüber einem Rückreflex empfindlichen Laserstrahlquellen. Durch die Kombination von grüner und infraroter Strahlquelle kann in [HEß12, S. 134-136] die Tiefschweißschwelle durch Vorwärmung mit der grünen Wellenlänge herabgesetzt und die Prozesseffizienz gesteigert werden. Nachteilig bei diesen Strahlquellen sind die Strahlqualität und verfügbare Leistung sowie

Investitionskosten und Verfügbarkeit der Strahlquellen und der Systemtechnik im Vergleich zu hochbrillanten nahinfraroten Faserlasern.

Die Temperaturabhängigkeit des Absorptionsgrads in Kombination mit dem Tiefschweißeffekt ermöglicht dennoch die Nutzung von industriell eingesetzten Faserlasern mit hoher Strahlqualität zum Schweißen von Aluminium und Kupfer. Der Absorptionsgrad steigt mit zunehmender Oberflächentemperatur und erfährt einen sprunghaften Anstieg beim Übergang vom festen in den flüssigen Zustand, siehe Bild 10.

Bild 10: Abhängigkeit des Absorptionsgrads von der Wellenlänge (links) und Temperaturabhängigkeit von Wärmeleitfähigkeit und Absorptionsgrad (rechts, λ = 1060 nm)

Links: [HUM20b] Rechts [BLO03; DAU95, S. 78; HO72, S. 305]

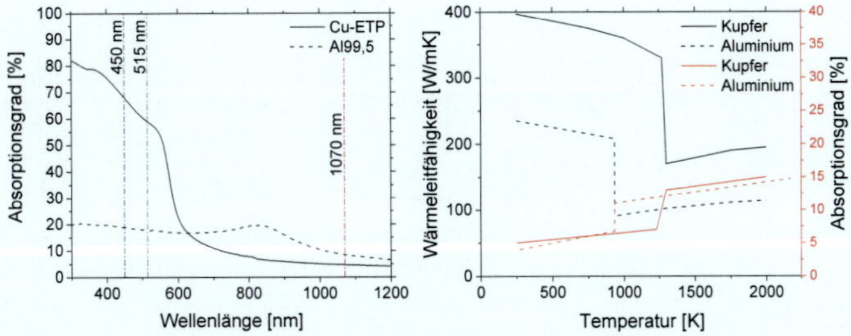

Aufgrund der hohen industriellen Nachfrage nach der Verbindung von Aluminium und Kupfer sowie den wenigen möglichen Schweißtechniken sind eine Vielzahl von wissenschaftlichen Untersuchungen zum Laserstrahlschweißen von Aluminium und Kupfer verfügbar, siehe Tab. 4.

Tab. 4: Wissenschaftliche Untersuchungen zum Laserstrahlschweißen von Aluminium-Kupfer-Verbindungen

Quelle	Anordnung und Parameterraum	Thematik und Ergebnis
[KRA11]	Cu-OF, Al99,5 Stumpfstoß $P_{L,max}$: 2000 W d_f: < 40 µm pendelnd	Untersuchung von Aluminium-Kupfer-Verbindungen mit Strahloszillation → Homogene Durchmischung mit Strahloszillation, Festigkeitssteigerung durch Strahlversatz auf Aluminiumseite im Stumpfstoß
[SCH15]	Cu-OF, Al99,5 Überlappstoß $P_{L,max}$: 3000 W d_f: 73 µm	Untersuchung von Aluminium-Kupfer-Verbindungen für elektrische Speicher → geringer Einfluss der Schweißnahtbreite auf elektrische Kontaktgüte, Positionierung der Schweißnähte wichtiger, z.B. Nutzung einer Doppelnaht
[MYS04]	Cu-OF, Al99,5 Überlappstoß $P_{L,max}$: 5500 W (Rechteckpuls) d_f: 280 µm	Punktschweißungen mit gepulster Strahlquelle im Überlapp → Erhöhung der Zugfestigkeit durch Silberfolie
[DIM19]	Cu-OF, Al99,5 Überlappstoß $P_{L,max}$: 1000 W d_f: 60 µm kreisförmig	Einflussanalyse von Leistung, Vorschub und örtlicher Leistungsmodulation auf elektrische und mechanische Eigenschaften → Erhöhung der mechanischen Festigkeit bei geringer Einschweißtiefe
[LEE14]	Cu, Al Überlappstoß $P_{L,max}$: 2000 W d_f: 20 µm	Untersuchung der Mikrostruktur und mechanischer Festigkeit bei Überlappverbindungen → Verbesserung der mechanischen Eigenschaften bei höheren Vorschubgeschwindigkeiten
[LEI16]	Cu, Al Überlappstoß $P_{L,max}$: 6000 W d_f: 20-340 µm	Erweiterung des grundlegenden Prozessverständnisses, Betrachtung unterschiedlicher Anordnungen und Fokusdurchmesser → Prozessfenstergröße abhängig von Vorschub, Strahldurchmesser und Anordnung
[BAN18]	Cu-ETP, Al99,5 Stumpf-, Überlappstoß $P_{L,max}$: 4000 W d_f: 55/67 µm	Charakterisierung von intermetallischen Phasen im Schweißgut, Prozessgrenzenanalyse und Kompensation mit Silberzusatz → Identifizierung versagensrelevanter Phasen, Verbesserung der mechanischen Eigenschaften durch Silberzusatz
[JAR18]	Cu-OF, Al99,5 Überlappstoß $P_{L,max}$: 3250 W d_f: 280 µm pendelnd	Einfluss einer pendelnden Oszillation auf Geometrie und elektrischen Widerstand bei Aluminium-Kupfer-Schweißungen → Unabhängige Einstellung von Tiefe und Breite der Schweißnaht, geringerer elektrischer Widerstand durch Erhöhung der Anbindungsbreite

Ähnlich wie in den Untersuchungen in dieser Arbeit werden in einigen der Veröffentlichungen kleine Strahldurchmesser im Bereich von 20 bis 80 µm verwendet. Nur eine der genannten Veröffentlichungen [DIM19] befasst sich mit einer kreisförmigen örtlichen Leistungsmodulation. Diese Arbeit ergänzt die Ergebnisse durch eine funktionsorientierte Prüfung der Proben in Form von thermischer, elektrischer und dynamischer Belastung. Des Weiteren werden Methoden zur Prozessüberwachung untersucht, um den Laserstrahlschweißprozess für Aluminium-Kupfer-Verbindungen kontrollierbar und industriell einsetzbar zu machen. Die Ergebnisse zur elektrischen Kontaktgüte und dem Einfluss von Schweißnahtbreite und -positionierung [SCH15] werden in Kapitel 4 aufgegriffen und durch Simulationen erweitert. [DIM19] erkennt eine Abhängigkeit der mechanischen Eigenschaften der Verbindungen und der Einschweißtiefe. Dies unterstützt die, in dieser Arbeit herausgestellte, Relevanz der Einschweißtiefe als qualitätsrelevante Größe. Möglichkeiten zur prozessbegleitenden Überwachung der Einschweißtiefe werden in Kapitel 6 untersucht.

2.4.2 Analyse der intermetallischen Phasenbildung bei Aluminium-Kupfer-Verbindungen

Bei der schweißtechnischen Bearbeitung von Aluminium und Kupfer werden beide Werkstoffe aufgeschmolzen und vermischt. Die Atomgitter der meisten Metalle können eine bestimmte Menge an Fremdatomen aufnehmen. Die entstehenden Kristalle werden Mischkristalle genannt. Bei Substitutionsmischkristallen werden Atome des Wirtsgitters durch Fremdatome ersetzt. Für Nichtmetallatome besteht die Möglichkeit Atome in Zwischengitterplätze des Wirtsgitters einzulagern. Dadurch entstehen sogenannte Einlagerungsmischkristalle. Die Löslichkeit der Grundelemente ist dabei entscheidend für die Entstehung von Mischkristallen. [BAR05, S. 34-37] Einflussfaktoren dafür sind:

- Struktur der Kristallgitter
- Atomradius
- Elektronegativität

Bei unterschiedlichen Gitterstrukturen der metallischen Stoffe können diese sich ggf. nicht zu einem Mischkristall zusammensetzen, sondern erzeugen intermetallische Phasen mit in der Regel deutlich komplexerer Gitterstruktur. Die erhöhte Komplexität geht mit einer Reduktion von Gleitsystemen einher, was in höherer Härte, aber einem spröden Verhalten resultiert. Die intermetallischen Phasen können dadurch Ausgangspunkt für Sprödrisse sein. [BAR10, S. 48; POH99, S. 52-69, 106-114]

Ein Unterschied im Atomradius führt zu einer erschwerten Substitution von Atomen auf Gitterplätzen des Mischkristalls. Dieser Effekt führt zu einer

Verspannung des Gitters und einer Steigerung der Festigkeit. Der Unterschied der Atomradien sollte unter 15% betragen. [BAN18, S. 7; BAR10, S. 8; POH99, S. 52-69]

Für eine Abschätzung, welche Phasen bei welchem chemischen Mischungsverhältnis entstehen, werden Zustandsdiagramme des Zweistoffsystems benutzt. Das Phasendiagramm von Aluminium und Kupfer, basierend auf Gleichgewichtsbedingungen bei Raumtemperatur ist in Bild 11 dargestellt.

Bild 11:
Phasen im Zustandsdiagramm von Aluminium und Kupfer

[MUR85; LAN91]

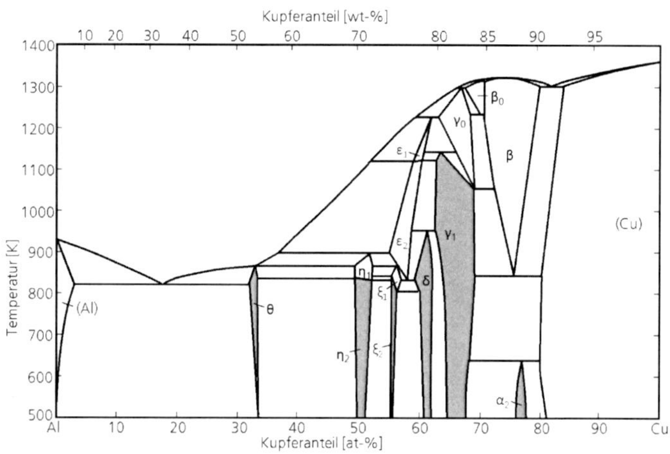

Aus dem Diagramm geht ein Bereich von 31,9 bis 78 Atomprozent Kupfer in der Schmelze hervor, bei dem eine erhöhte Wahrscheinlichkeit intermetallischer Phasenbildung besteht. Die entstehenden intermetallischen Phasen sowie Härte und elektrischer Widerstand sind in Tab. 5 aufgelistet. Auffallend ist der hohe Anstieg der Härte und des elektrischen Widerstands im Vergleich zum Grundmaterial.

Tab. 5: Physikalische Eigenschaften der intermetallischen Phasen von Aluminium und Kupfer

[SCH16; RAY80; WUL04]

Phase	Kupferanteil [at.-%]	Härte [HV5]	Elektrischer Widerstand (20°C) [µΩ cm]
Al	0 - 2,84	20 - 50	2,4
θ (Al_2Cu)	31,9 - 33	324	8,0
η_2 (AlCu)	49,8 - 52,3	628	11,4
ξ_2 (Al_3Cu_4)	55,2 - 56,3	616	12,2
δ (Al_2Cu_3)	59,3 - 61,9	558	13,4
γ_1 (Al_4Cu_9)	62,5 - 69	549	14,2
Cu	80,3 - 100	60 - 100	2,0

Metalle, die intermetallische Phasen bilden, sind in der Regel nicht zum Schweißen geeignet. Allerdings können abhängig von Größe, Art und Verteilung gebrauchsfähige Verbindungen hergestellt werden. Dies kann zum Beispiel durch einen niedrigen Anteil eines Metalls im Schmelzbad erreicht werden. Dadurch ist die Menge an intermetallischen Phasen im Schweißgut gering. [BAR05, S. 87, 88] Die Ausbildung der intermetallischen Phasen ist dabei stark von der Abkühlzeit während des Prozesses abhängig. Eine lange Abkühlzeit verstärkt das Wachstum der Phasen und führt zu größeren Phasenbereichen, die eine negative Wirkung auf elektrische und mechanische Eigenschaften besitzen. Die kurze und minimale Energieeinbringung des Laserstrahlschweißens stellt dabei eine Möglichkeit dar, trotz Phasenbildung funktionale Schweißnähte zu erzeugen. Die Poren- und Rissbildung aufgrund von einer Aufhärtung des Materials bleibt dennoch als mögliche Fehlstelle zu berücksichtigen. [KAT04]

Untersuchungen zur Reduktion oder Vermeidung von intermetallischen Phasen fokussieren sich auf die Nutzung von Zusatzwerkstoffen oder einer optimierten Prozessführung. Beim Einsatz von Zusatzwerkstoffen werden Materialien eingesetzt, die chemisch und physikalisch mit den Grundwerkstoffen verträglich sind. Silberfolien als Zwischenlage im Überlappstoß haben hierbei deutliche Verbesserungen in der mechanischen Festigkeit erreichen können [BAN18, S. 109-134; MYS04]. Die Reduktion der Unterschiede im Schmelzpunkt und thermischen Ausdehnung gelingt auch mit AlSi12 als Zusatzwerkstoff. Trotz der eingeschränkten metallurgischen Kompatibilität mit dem Kupfergrundwerkstoff werden die Spannungen im Abkühlprozess reduziert. In Stumpfstößen mit Zwischenlage kann das AlSi12 separat mit dem Aluminium- und Kupfergrundwerkstoff verschweißt werden. Das Ergebnis ist eine erhöhte Duktilität der Verbindung. [WEI11]

Bei Stumpfstößen ist auch ohne Zusatzwerkstoff durch eine angepasste Prozessführung eine Verbesserung der mechanischen Eigenschaften zu erzielen. So bewirkt der laterale Versatz von 100 µm auf Aluminium eine deutliche Verbesserung der Zugfestigkeit. Der geringe Anteil an Kupfer in der Schmelze bewirkt eine geringe Ausbildung von intermetallischen Phasen, da die kritischen Mischungsverhältnisse vermieden werden. [KRA11] Im Überlappstoß kann die Erhöhung der Vorschubgeschwindigkeit und damit die Erhöhung der Abkühlgeschwindigkeit ebenfalls positive Auswirkungen auf die Ausprägung der intermetallischen Phasen besitzen. So können nach [LEE14] die mechanischen Eigenschaften der Schweißverbindungen bei Geschwindigkeiten im Bereich von 50 m/min verbessert werden. Die in den Versuchen konstant gehaltene Laserleistung führt zu einer geringeren Einschweißtiefe und einer geringeren Konzentration des untenliegenden Werkstoffs im Schmelzbad.

2.5 Bestimmung der Einschweißtiefe beim Laserstrahlschweißen

Für die industrielle Umsetzung von Schweißverbindungen ist die Bewertung des Prozesses sowie der Schweißnaht von großer Bedeutung für die Reduktion von Ausschuss und eine hohe Produktionseffizienz. Bei der schweißtechnischen Kontaktierung von Batteriezellen führt bereits eine defekte Fügestelle zu einem Leistungsverlust oder einer Unterbrechung des Stromkreises und somit zu einem Totalausfall des Batteriesystems. Aufgrund der späten Positionierung der Fügetechnik in der Fertigungskette der Batteriesysteme erzeugen fehlerhafte Schweißverbindungen einen hohen Wertschöpfungsverlust. Neben einem robusten Fügeprozess ist daher die Überwachung des Prozesses von großer Bedeutung. Insbesondere herausfordernde Prozesse, wie das Schweißen von Aluminium und Kupfer, erfordern eine prozessbegleitende Qualitätsüberwachung. Bei der Überwachung von Prozessen wird zwischen einer Signalaufnahme vor, während und nach dem Prozess unterschieden. [STA18]

Bei der prozessvorgelagerten Bewertung wird z.B. kamerabasiert die Position des Bauteils relativ zum Laserstrahl überwacht. Die reproduzierbare Positionierung der Schweißnähte ermöglicht einen stabilen Schweißprozess. Prozessnachgelagerte Überwachungsmethoden fokussieren sich auf die Analyse der Schweißgeometrie sowie von sichtbaren Defekten. Mit Hilfe von in situ, also prozessbegleitenden Methoden kann sowohl der Schweißprozess verbessert als auch die Qualität überwacht werden. [STA18] Unterschieden werden die Systeme nach der Art des Messsignals:

- Detektion akustischer Prozessemission
- Bildaufnehmende Verfahren
- Detektion optischer Signale oder Prozessemission
- Einsatz von Röntgenstrahlung

Nach Kapitel 2.4 zum Stand der Technik von artungleichen Verbindungen ist die Durchmischung von Aluminium und Kupfer ein entscheidendes Kriterium für die Qualität der Schweißverbindung. Bei Überlappverbindungen ist die Einschweißtiefe ein maßgeblicher Wert für die Durchmischung, da eine geringe Einschweißtiefe im unteren Fügepartner gleichbedeutend mit einer geringen Konzentration des untenliegenden Werkstoffs im Schmelzbad ist. Die Überwachung der Einschweißtiefe kann während des Prozesses mithilfe der Detektion optischer Signale (z.B. Plasma Spektrometrie, optische Kohärenztomographie) oder Bestrahlung mittels Röntgenstrahlung erfolgen.

Ein gängiges Verfahren zur Überwachung während des Prozesses ist die Detektion der vom Prozess emittierten Strahlung. Dabei kann die Betrachtung über ein breites Spektrum oder schmale Wellenlängenbereiche erfolgen. Eine breitbandige Betrachtung mittels Photodioden ermöglicht die Identifikation von Spritzern oder Anbindungsfehlern. Die vom Prozess reflektierte Strahlung in Laserwellenlänge erlaubt eine Bewertung der Prozesseffizienz [HÄU21, S. 51-70] und eine Unterscheidung zwischen Wärmeleitungs- und Tiefschweißen. Zur Identifikation der Einschweißtiefe kann materialcharakteristische Plasmaemissionsstrahlung genutzt werden, siehe Kapitel 2.5.2 [LEI16, S. 145-150].

Der Einsatz von optischer Kohärenztomographie ermöglicht beim Tiefschweißen die Messung der Dampfkapillartiefe. Diese erlaubt einen direkten Rückschluss auf die Einschweißtiefe, siehe Kapitel 2.5.1.

Aufgrund des hohen Qualitätsvorteils bei der industriellen Anwendung sind auch bei der Überwachung von Laserstrahlprozessen eine Vielzahl an wissenschaftlichen Untersuchungen durchgeführt worden. Eine Übersicht über ausgewählte Beispiele gibt Tab. 6.

Tab. 6:
Wissenschaftliche Untersuchungen zur Prozessüberwachung beim Laserstrahlschweißen

*Schätzung

Quelle	Anordnung und Parameterraum	Thematik und Ergebnis
[SCH18]	Cu-OF, Al99,5 $P_{L,max}$: 400 W d_f: 31 µm kreisförmig	*Spektrometerbasierte* Untersuchung des Plasmas bei Aluminium-Kupfer-Verbindungen → Intensitäten der materialcharakteristischen Wellenlängen gibt Aufschluss über die Durchmischung und Auftreten von intermetallischen Phasen
[SEI19]	Cu-OF, Al99,5 $P_{L,max}$: 1800 W d_f: 176 µm	*Spektrometerbasierter* Ansatz zur Überwachung der Einschweißung in den unteren Fügepartner → Zuordnung der Messwerte zu Prozessphasen und Detektion des untenliegenden Materials im Messspektrum
[BLE14]	Diverse Werkstoffe $P_{L,max}$: 1000 W d_f: 250 µm*	Vergleich der Einschweißtiefenmessung in Echtzeit mittels *optischer Kohärenztomographie* und metallographischer Analyse → Gute Übereinstimmung von metallographischer und interferometrischer Messung für Titan-, Nickel- und Eisenbasierte Werkstoffe, Abweichungen bei Aluminium
[STR16]	Stahl, Aluminium $P_{L,max}$: 4000 W d_f: 200 µm*	Untersuchung von *Hochgeschwindigkeits-videographie, Röntgenaufnahme, optischer Kohärenzmessung, Pyrometrie und Thermographie* beim Schweißen → Ansatz für Systemauswahl bei verschiedenen Überwachungszielen
[ABT09]	Stahl $P_{L,max}$: 6000 W d_f: 600 µm	*Kamerabasierte Echtzeitregelung* von durchgeschweißten Stahlproben → Spritzer- und Schmauch-Reduktion durch Echtzeitregelung
[HUA11]	Stahl $P_{L,max}$: 4000 W d_f: k.A.	Auswertung *akustischer Signale* und Korrelation mit der Einschweißtiefe mit Hilfe von neuronalen Netzen → Lineare Abhängigkeit der verarbeiteten akustischen Signale von der Einschweißtiefe
[BOL15]	AlMg3 $P_{L,max}$: 4000 W d_f: 300 µm	Analyse der Porenbildung unter Verwendung von *Röntgenstrahlung* und Einschweißtiefensensorik → Porenbildung korreliert mit der Einschweißtiefenmessung
[SIB12a]	Stahl $P_{L,max}$: 2500 W d_f: keine Angabe CO_2-Laser	Analyse der *Plasmaemissionsstrahlung* und Berechnung der Elektronentemperatur → Gemessene Elektronentemperatur an der Materialoberfläche sinkt mit steigender Laserleistung. Umsetzung einer Closed Loop Regelung

Die Mehrheit der Untersuchungen befasst sich mit Makroschweißprozessen mit vergleichsweise großen Fokusdurchmessern. Die Analyse von Mikroschweißprozessen mit Fokusdurchmessern kleiner 40 µm besitzt aufgrund kleinerer Einschweißtiefen, kleinerer Dampfkapillare und entsprechend geringeren Prozessemissionen zusätzliche Herausforderungen für die Untersuchung. Ein spektrometerbasierter Ansatz für die prozessbegleitende Bestimmung der Einschweißtiefe wird bereits in [SCH18] und [SEI19] dargestellt. Basierend auf diesen Erkenntnissen wird in dieser Arbeit die Korrelation von Spektrometersignal und Einschweißtiefe untersucht. Weitere Untersuchungen befassen sich mit der Einschweißtiefenmessung mittels Optischer Kohärenztomographie. Diese Arbeit erweitert den Stand der Technik in Hinblick auf die Untersuchung von optischer Kohärenztomographie beim Einsatz mit kleinen Strahldurchmessern, hochdynamischer Strahloszillation und Aluminium-Kupfer-Verbindungen.

Die Analyse der Einschweißtiefenbestimmung wird in den folgenden Kapiteln näher betrachtet. Dazu werden zwei Methoden ausgewählt und hinsichtlich ihrer Eignung beim entwickelten Schweißprozess von Aluminium-Kupfer-Verbindungen untersucht. Der gesamtheitliche Betrachtungsansatz der Arbeit bildet einen Mehrwert im Vergleich zum Stand der Technik. Betrachtet werden die örtliche Leistungsmodulation beim Schweißen mit brillanten Strahlquellen, die Analyse der Einschweißtiefe zur Prozessüberwachung und die Auswirkungen des Betriebs auf die Funktion der Aluminium-Kupfer-Verbindungen.

2.5.1 Einschweißtiefenanalyse mittels optischer Kohärenztomographie

Mit Hilfe optischer Kohärenztomographie (OCT) kann die Tiefe der Dampfkapillare während des Schweißprozesses gemessen werden. Der Messstrahl wird dabei koaxial zum Bearbeitungsstrahl in den Strahlengang eingekoppelt. Eine auf Interferometrie basierende Auswertung erlaubt die Messung der Dampfkapillartiefe. Das physikalische Funktionsprinzip wird in Kapitel 3.2 erläutert.

Bei der Anwendung von OCT-Systemen zur Überwachung von Laserschweißprozessen bestehen verschiedene Herausforderungen. Zum einen wird nicht die Einschweißtiefe direkt gemessen, sondern die optische Weglänge des Messstrahls. Die Reflektion des Strahls muss nicht zwangsläufig die Dampfkapillartiefe sein. Eine Krümmung der Dampfkapillare, Mehrfachreflektion oder Reflektionen an der Kapillarwand führen zu Messfehlern, siehe Bild 12. [BOL15]

Bild 12:
Mögliche Messfehler bei der Messung der Dampfkapillartiefe mit OCT-Systemen

[BOL15]

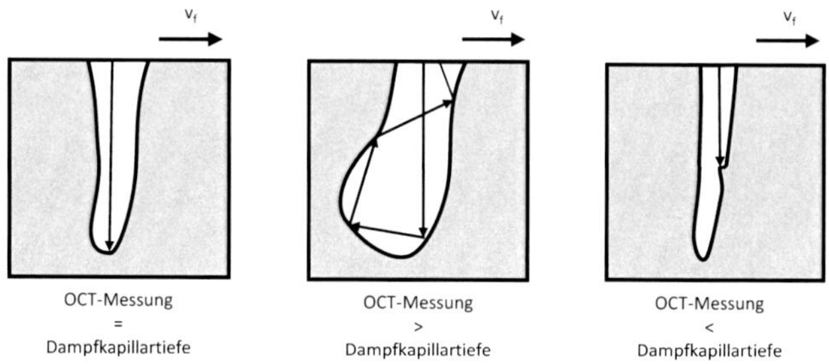

Der Einsatz solcher Systeme in Makroschweißanwendungen mit Einschweißtiefen im Millimeterbereich ist mit aktuellen Systemen, wie dem Precitec In-Process Depth Meter (IDM) möglich. Beim Schweißen von Stahl kann das Messsystem einer sinusförmigen Schwingung der Laserleistung (und damit auch der Einschweißtiefe) folgen. Der mit 70 kHz abtastende Sensor wird in Festoptiken integriert, um prozessbegleitend die Einschweißtiefe zu überwachen oder zu regeln. [BAU14; KOG19]

Weitere Systeme werden von den Firmen Lessmüller Lasertechnik GmbH und IPG Laser mit Laser Depth Dynamic angeboten [DUP16]. Eine Herausforderung, für die OCT-Systeme ist die Integration in Scansysteme. Die Nutzung von Scansystemen für hochdynamische Strahlablenkung führt aufgrund der Wellenlängenunterschiede zwischen Bearbeitungsstrahl und Messstrahl zu chromatischer Aberration. Auch eine Abhängigkeit von den verwendeten Materialen wird in [FET17] beobachtet.

Der Einsatz der Einschweißtiefenmessung in Verbindung mit Scansystemen, kleinen Strahldurchmessern (< 40 µm) und örtlicher Leistungsmodulation ist dabei noch unerforscht. Die vorliegende Arbeit leistet einen Beitrag zur Analyse der Einsatzfähigkeit und Grenzen von OCT-Systemen unter den genannten Randbedingungen. Ziel ist die Überwachung des Prozesses, ein erweitertes Prozessverständnis durch die Kenntnis der Einschweißtiefe sowie das präzise Einstellen der Einschweißtiefe als Maß für die Durchmischung bei Aluminium-Kupfer-Verbindungen.

2.5.2 Spektrometerbasierte Überwachung von Laserstrahlschweißprozessen

Neben dem Einsatz von OCT-Systemen, kann die Einschweißtiefe durch Spektrometrie der vom Prozess ausgehenden Strahlung ermittelt werden. Die Spektroskopie als Mittel zur Überwachung und Analyse der Einschweißtiefe bei Laserstrahlschweißprozessen wird in der Literatur in verschiedenen Arbeiten dargestellt. In [SIB10; SIB12b; SIB12a] wird mit Hilfe einer Boltzmann-Verteilung die Gastemperatur des aus der Dampfkapillare strömenden Gases bestimmt. Bei Schweißungen mit einem CO_2-Laser, einem Faserlaser und einem gepulsten Nd:YAG Laser wird bei steigender Laserleistung und Einschweißtiefe eine sinkende Gastemperatur beobachtet. Erklärt wird dieses Verhalten durch die hauptsächliche Absorption der Laserleistung im tiefsten Bereich der Dampfkapillare. In diesem Bereich besitzt die Plasmatemperatur ein Maximum und fällt in Richtung Dampfkapillaröffnung ab. Der an der Dampfkapillaröffnung gemessene Temperaturwert sinkt entsprechend bei tieferer Dampfkapillare aufgrund der größeren Distanz zum Dampfkapillargrund. Dieses Verhalten wird ebenfalls in [SEB12] festgestellt. In [SIB12a] wird diese Abhängigkeit zum Aufbau eines Regelkreises genutzt, um die Einschweißtiefe bei Regelung der Laserleistung konstant zu halten. [SIB10; SIB12a; SIB12b]

Spektrometrische Untersuchungen bei Aluminium-Kupfer-Verbindungen werden in [LEI16] dargestellt. Mit einem CCD Spektrometer können Maxima in Blindschweißungen in Aluminium und Kupfer detektiert werden. Die gemessenen signifikanten Wellenlängen im Kupfer stimmen jedoch mit Peaks im Aluminiumspektrum überein und können somit in einer Mischverbindung nicht unterschieden werden. Aufgrund dessen fokussiert sich [LEI16] auf die Untersuchung der signifikanten Aluminiumlinien bei 470 nm und 485 nm. In einem Kupfer-Aluminium-Überlappstoß lässt sich ein Einschweißen in das untenliegende Aluminium erkennen. Ein Unterschied zwischen einer geringen und einer mittleren bis großen Einschweißtiefe in den unteren Fügepartner kann ebenfalls identifiziert werden. Aufgrund von Signalschwankungen ist der Unterschied zwischen mittlerer und großer Einschweißtiefe nicht erkennbar. [LEI16]

In der vorliegenden Arbeit werden die vorgestellten Untersuchungen als Grundlage genommen, um in einer Überlappverbindung mit obenliegendem Aluminium ein Einschweißen in das untenliegende Kupfer zu detektieren. Im Unterschied zu [LEI16] werden in Kapitel 6 die intensitätsschwächeren Kupferemissionslinien untersucht, da ein obenliegendes Aluminium fügetechnisch die zu bevorzugende Anordnung ist (siehe dazu Kapitel 5.2).

2.6 Prozessanalyse mit Röntgenstrahlung

Die Dampfkapillare ist eine der Hauptmechanismen bei der Durchmischung zweier Materialien beim Laserstrahlschweißen. Die Sichtbarkeit der Kapillare und der dadurch induzierten Strömungen ist in der Regel nicht gegeben. Der Einsatz von Röntgenstrahlung zur in situ Beobachtung des Laserstrahlschweißprozesses ermöglicht die Analyse der Dampfkapillare.

[MIY17] haben mit Hilfe einer Phasenkontrastmethode die unterschiedlichen Phasen analysiert. Die Probe wird dafür während des Schweißens mit hochenergetischer Röntgenstrahlung durchleuchtet. Die Beugung der Strahlung kann auf einem Szintillator abgebildet und mit Hochgeschwindigkeitskameras detektiert werden. Als hell-dunkel Kontrast sind die Phasengrenzen der fest-flüssig und flüssig-gasförmig Phasen erkennbar. Die Autoren haben dadurch Instabilitäten des Dampfkapillargrunds als Ursache für die Porenbildung beim Schweißen von Aluminium identifiziert. Die Aufnahmen belegen ein Aufsteigen der am Dampfkapillargrund gebildeten Poren in Richtung Materialoberfläche. Bevor sie dort ankommen, bleiben sie an der hinteren Phasengrenze fest-flüssig haften und verbleiben im Material. [MIY17] In [FET18] wird mittels Röntgenstrahlung die Porenentstehung beim Laserstrahlschweißen von Aluminium untersucht. In den Röntgenaufnahmen ist der Phasenkontrast flüssig-gasförmig sichtbar. Die Entstehung der Poren kann auf Instabilitäten der Dampfkapillare zurückgeführt werden. Für eine Steigerung der Vorschubgeschwindigkeit auf 200 mm/s wird eine erhöhte Stabilität der Dampfkapillare und eine Reduktion der Porenbildung beobachtet. [FET18]

Die vorliegende Arbeit untersucht die Porenentstehung und Materialdurchmischung bei Aluminium-Kupfer-Verbindungen unter Einsatz hochenergetischer Synchrotronstrahlung, siehe Kapitel 5.3. Die verwendete Synchrotronstrahlung zeichnet sich durch eine hohe Brillanz der Strahlung (siehe Kapitel 3.4) aus und ermöglicht dadurch eine hohe zeitliche und örtliche Auflösung der Phasengrenzen. Aufgrund der unterschiedlichen Dichte der Materialien können die Materialströmungen in der Schmelze sichtbar gemacht werden.

3 Messtechnische Grundlagen

Für die experimentellen Untersuchungen in dieser Arbeit werden drei messtechnische Systeme verwendet. Die messtechnischen Grundlagen werden in diesem Kapitel näher beschrieben. Zur Bewertung der Schweißnahtqualität wird der elektrische Kontaktwiderstand gemessen, da dieser die Hauptfunktionalität der Aluminium-Kupfer-Verbindungen darstellt. Herausforderung ist dabei die reproduzierbare und vergleichbare Messung des Kontaktwiderstands in der Größenordnung der Grundmaterialien, also im Mikroohm-Bereich. Zur Detektion der Einschweißtiefe werden zwei Systeme betrachtet. Neben einem interferometrischen Ansatz wird auch die Spektrometrie verwendet.

3.1 Messung elektrischer Kontaktwiderstände

Eine Verbindung von Aluminium- und Kupferwerkstoffen wird zumeist zum Leiten eines elektrischen Stroms verwendet. In der Anwendung muss eine elektrisch leitfähige Verbindung zwischen den beiden Materialien bestehen. Für die Bewertung der Schweißverbindungen ist eine präzise und reproduzierbare Messung des elektrischen Übergangswiderstands erforderlich. Grundlagen zu elektrischen Widerständen sind im Anhang 11.2 beschrieben. Bei kleinen Widerständen, wie die hier zu erwartenden Kontaktwiderstände, wird eine Vierleitermesstechnik verwendet. Das Messgerät wird dabei parallel zum Widerstand in den Stromkreis eingebunden. Dadurch wird der Einfluss des Leitungswiderstands reduziert und die Messgenauigkeit erhöht.

3.1.1 Widerstandsmessung mit einer Vierleitermesstechnik

Aus dem Ohm'schen Gesetz folgt die Messung eines Widerstands über den fließenden Strom und der über dem Widerstand abfallenden Spannung. Beide Größen müssen dafür entweder bekannt sein oder gemessen werden. Die zwei resultierenden Verschaltungen werden als Stromfehlerschaltung und Spannungsfehlerschaltung bezeichnet. Die Schaltungen unterscheiden sich durch die Position des Volt- und Amperemeters. Je nach Aufbau werden auch der Innenwiderstand des Volt- oder Amperemeters gemessen und beide sind entsprechend als Fehler in der Bestimmung des Widerstands zu berücksichtigen. Bei niedrig-ohmigen Widerständen wird üblicherweise die Stromfehlerschaltung bevorzugt. Hierbei fließt ein bekannter Messstrom durch den Widerstand und die abfallende Spannung wird über ein parallel geschaltetes Voltmeter gemessen. Um den systematischen Fehler zu reduzieren, werden die Leitungen der Stromquelle und des Voltmeters über eine

Vierleitermesstechnik örtlich getrennt, siehe Aufbau in Bild 13. [FEL07, S. 84-172; PLA09, S. 758- 764]

Bild 13:
Aufbau einer Vierleitermesstechnik

nach [FEL07, S. 150-160; PLA09, S. 758-764]

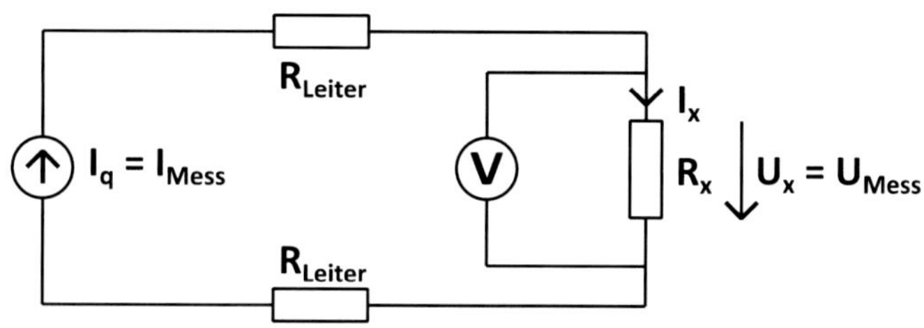

R_{Leiter}: Leiterwiderstand [Ω]; R_x: Gesamter Übergangswiderstand der Verbindung [Ω]; I_q: Elektrische Stromstärke der Stromquelle [A]; I_x: Elektrische Stromstärke an der Verbindung [A]; I_{Mess}: Gemessene Stromstärke [A]; U_x: Elektrische Spannung an der Verbindung [V]; U_{Mess}: Gemessene Spannung [V]

Die getrennten Leiter ermöglichen eine nahe Positionierung der Messspitzen des Spannungsmessgeräts am Widerstand. Der Einfluss des zusätzlich gemessenen Leitungswiderstands auf die Messung wird dadurch reduziert. Dieser Aufbau ermöglicht die in dieser Arbeit notwendigen Widerstandsmessungen im Mikroohm-Bereich.

3.1.2 Elektrischer Widerstand von Verbindungen

Bei der Verbindung von elektrischen Leitern können in einer nicht idealen Verbindung Übergangswiderstände auftreten. Für die Analyse dieser Widerstände kann der Übergang mit Hilfe eines Ersatzschaltbildes modelliert werden. Für ein präzises Ausgangsmodell werden dafür kraftschlüssige Kontakte betrachtet. Dabei haben Untersuchungen einen Unterschied zwischen den realen Widerständen und den aus der Anbindungsgeometrie und der Berechnung (über den spezifischen Widerstand, Leiterlänge und -querschnitt, siehe 11.2 im Anhang) zu erwartenden Widerständen ergeben. Ursache ist eine geringere, tatsächliche Kontaktfläche der Leiter aufgrund von Mikrorauheiten der Oberflächen. Der Übergang des Stroms findet dadurch nicht auf der gesamten überlappenden Fläche, sondern lediglich an den sich berührenden Mikrokontakten statt, siehe Bild 14. Oxidschichten oder Verunreinigung der Oberflächen können dabei einen zusätzlichen Einfluss auf den Übergangswiderstand besitzen. [VIN16, S. 4-53; SCH15, S. 26- 30]

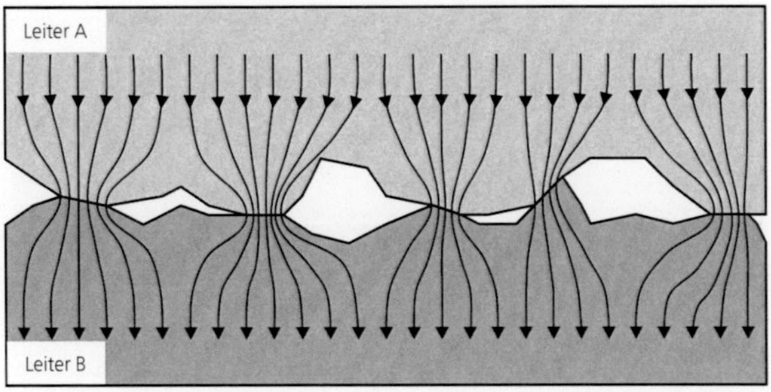

Bild 14: Einengung des Stromes durch Mikrokontakte bei kraftschlüssigen Verbindungen

nach [SCH15, S. 28; VIN16, S. 4-39]

Die Modellierung dieses Übergangswiderstands wird in [SCH15, S. 27] durch die Summe dreier serieller Widerstände realisiert. Der gesamte Übergangswiderstand ergibt sich dann aus:

3.1

$$R_X = R_M + R_E + R_F$$

[SCH15, S. 27; VIN16, S. 4-7]

R_X: Verbindungswiderstand [Ω]; R_M: Materialwiderstand [Ω]; R_E: Engewiderstand [Ω]; R_F: Fremdschichtwiderstand [Ω]

Der Materialwiderstand R_M ergibt sich aus spezifischem Widerstand, Leiterlänge und-querschnitt (siehe Gleichung 11.2 im Anhang), während der Engewiderstand R_E die Widerstandserhöhung der reduzierten Kontaktfläche durch die Mikrokontakte abbildet. Verunreinigungen und Oxidschichten werden durch den Fremdschichtwiderstand R_F berücksichtigt.

Ein anderer Modellierungsansatz stellt ein Ersatzschaltbild des Übergangs auf, in dem die einzelnen Mikrokontakte als parallel geschaltete, diskrete Widerstände im Übergang $R_{V,i}$ abgebildet sind. Zusätzlich werden die Leiter im Übergang in serielle Widerstände $R_{L\{1,2\},i}$ aufgeteilt. Das dazugehörige Ersatzschaltbild ist in Bild 15 dargestellt. [BRA15]

Bild 15:
Ersatzschaltbild einer Überlappverbindung

nach [BRA15]

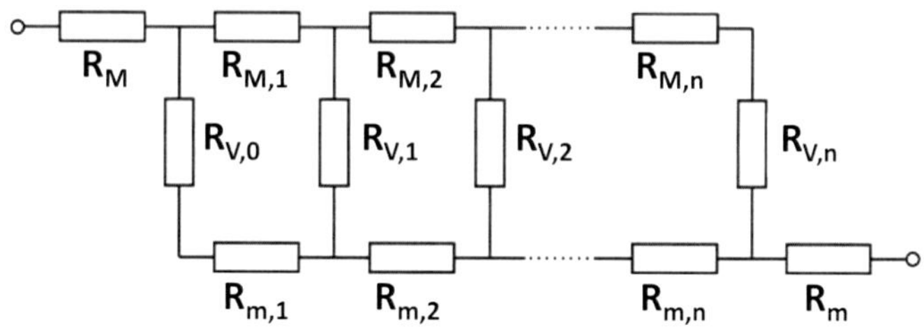

$R_{M,i}$: Materialwiderstand von M [Ω]; $R_{V,i}$: Brückenwiderstand [Ω]; $R_{m,i}$: Materialwiderstand von m [Ω]

Mit diesem Widerstandsnetz kann die Verbindung von zwei Leitern im Überlapp dargestellt werden. Das Netzwerk kann mittels Knotenpotentialverfahren und Maschenstromverfahren unterteilt und berechnet werden.

Aufgrund der Abhängigkeit von Leitermaterial und Leitergeometrie ist der Vergleich von gemessenen Übergangswiderständen erschwert. Die Bewertung der Fügeprozesse für elektrische Verbindungen anhand des Übergangswiderstands kann allein durch eine Änderung des Materials oder Verbindungsfläche beeinflusst werden. Der Rückschluss von Übergangswiderständen auf den verwendeten Fügeprozess ist entsprechend nur unter Voraussetzung gleicher Geometrie und gleichem Material möglich. Deshalb kann für die Bewertung von Verbindungsqualitäten auf die Kontaktgüte k_U (auch Kontaktgütemaßzahl oder resistance equivalence factor) zurückgegriffen werden. Die Kontaktgüte berücksichtigt zusätzlich die Widerstände der verwendeten Materialien und wird aus dem Quotienten des gemessenen Übergangswiderstands und dem gemittelten Materialwiederstand gebildet. Die Messstrecken müssen dafür äquidistant sein. Bild 16 verdeutlicht den Messaufbau. [SCH17; SCH15, S. 56- 63]

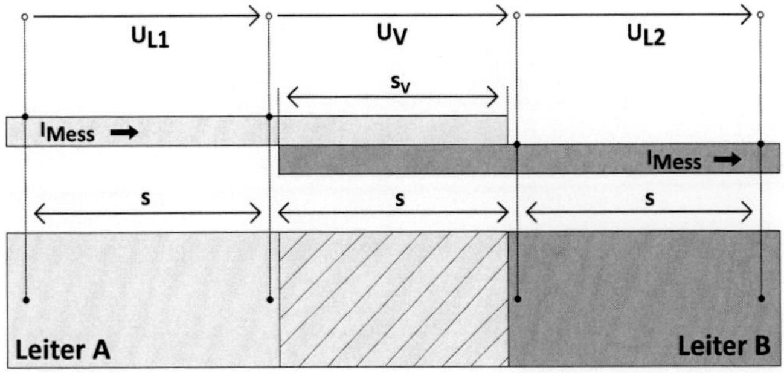

Bild 16: Messaufbau zur Bestimmung der Kontaktgüte einer Überlappverbindung

nach [SCH17]

Der Widerstand im Übergang muss dabei auf die Strecke s_V korrigiert werden. Daraus resultiert die Kontaktgüte k_U gemäß Gleichung 3.2 (Herleitung im Anhang 11.3).

3.2 [SCH15, S. 58]

$$k_U = \frac{2 \cdot R_V}{R_{L,1} + R_{L,2}}$$

k_U: Kontaktgütemaßzahl [-]; R_V: korrigierter Übergangswiderstand [Ω]; $R_{L,i}$: auf s_V normierter Materialwiderstand des Leiters i [Ω]

Die Kontaktgüte ermöglicht einen Vergleich von Verbindungen mit verschiedenen Verfahren, Materialien und Dimensionen. Die Kennzahl gibt den Widerstand im Verhältnis zu den Ausgangsleitern an. Bei einer Kontaktgüte $k_U = 1$ verhält sich die Verbindung identisch zu den mittleren Widerständen der Ausgangsmaterialien. Kontaktgüten $k_U < 1$ charakterisieren eine Verbindung mit höherer Leitfähigkeit, während $k_U > 1$ für eine niedrigere Leitfähigkeit steht. Im Sonderfall einer vollflächigen Überlappverbindung mit zwei gleich dicken Materialien besitzt die ideale Verbindung eine Kontaktgüte von $k_U = 0{,}5$, da im Überlapp der doppelte stromtragende Querschnitt zur Verfügung steht. [SCH15, S. 58, 59]

Basierend auf diesen Grundlagen wird der Übergangswiderstand von Schweißverbindungen in Kapitel 4 analysiert. Die Simulation der Verbindungen ermöglicht Aussagen über die Schweißnahtpositionierung und benötigte Anbindungsbreite. Der elektrische Übergangswiderstand bzw. die Kontaktgüte dienen als Vergleichswert für die experimentellen Untersuchungen in dieser Arbeit.

3.2 Optische Kohärenztomographie

Da beim Laserstrahlschweißen eine dampfgefüllte Kapillare entsteht, ist eine Messung der Tiefe dieser Kapillare grundlegend möglich. Herausforderungen sind die hohe Dynamik des Prozesses, der kleine Kapillardurchmesser und die Zugänglichkeit während des Prozesses. Mit Hilfe der optischen Kohärenztomographie sind diese Herausforderungen beim Laserstrahlschweißen zu überwinden. Das optische Messsystem kann koaxial zum Laserstrahl integriert und fokussiert werden. Die Funktion dieser Messmethode werden in diesem Kapitel dargestellt, um als Grundlage für die Untersuchungen in Kapitel 6 zu dienen.

Die optische Kohärenztomographie (OCT) basiert auf einem interferometrischen Messprinzip. Dabei wird die Phasenverschiebung zweier kohärenter Strahlen bestimmt, um auf die Weglängenunterschiede der Strahlen zu schließen. Die Phasenverschiebung wird aus den Interferenzmustern der überlagerten Strahlen ermittelt. In der Regel basieren optische Kohärenztomographie Systeme auf dem grundlegenden Aufbau eines Michelson-Interferometers. [POP05, S. 399-411] Unterschieden wird zwischen Time-Domain- und Frequency-Domain-Systemen. Für beide Kategorien werden breitbandige Strahlquellen mit geringer Kohärenz eingesetzt. Bei der Interferometrie wird der Messstrahl in zwei Teilstrahlen aufgeteilt. Einer der Strahlen wird in einen Referenzarm gelenkt und zurückreflektiert. Der zweite Strahl wird auf der Probenoberfläche reflektiert und anschließend mit dem Referenzstrahl überlagert, siehe Bild 17. Bedingung für die Interferenz ist ein Weglängenunterschied, der innerhalb der Kohärenzlänge liegt. Aufgrund von Verlusten durch Streuung und Absorption an der Oberfläche des Messobjekts sowie durch den Strahlteiler bedingte Verluste führt dieser Aufbau zu einem Leistungsverlust von mindestens 50% der Strahlquellenleistung.

Bei *Time-Domain-Systemen* wird das Messsignal zeitaufgelöst detektiert und der Messbereich durch Anpassung der Referenzarmlänge abgetastet. *Frequency-Domain-Systeme* hingegen arbeiten mit spektraler Zerlegung des Messstrahls am Detektor. Systeme, die auf die Verwendung eines Spektrometers als Detektor setzen, werden als „Spectral Domain" bezeichnet. Das Interferenzmuster wird im Spektrometer detektiert und mittels Fast Fourier Transformation ausgewertet. Großer Vorteil dieses Messprinzips ist die hohe Messfrequenz. Dies ist insbesondere für dynamische Prozesse mit bewegten Proben von Bedeutung. [DRE08, S. 31-35; HÖL12, S. 9-11]

Bild 17:
Schematische Darstellung der Funktionsweise der Optischen Kohärenztomographie

[DRE08, S. 32]

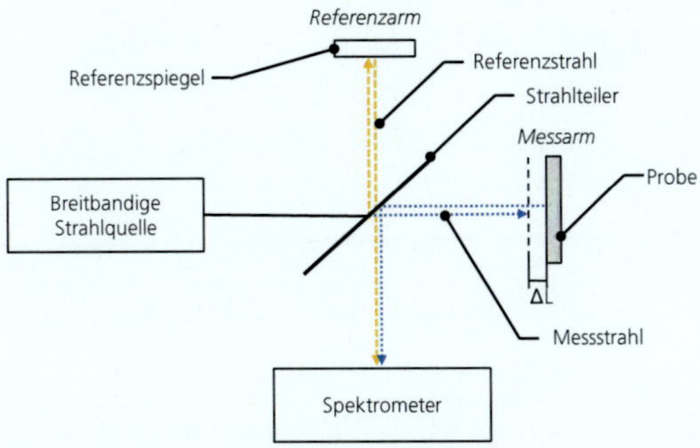

Der Einsatz von Laserstrahlquellen als Messstrahl ermöglicht auf Grund der hohen Kohärenzlänge einen großen Messbereich. Für das Auftreten der stationären Interferenz ist eine zeitliche Kohärenz erforderlich. Der Unterschied der optischen Weglänge des Mess- und Referenzarms muss kleiner sein als die Kohärenzlänge des Messstrahls. Bezogen auf die Erfassung von Tiefeninformationen muss die Oberfläche des Messobjekts im Bereich der Kohärenzlänge liegen. Dennoch werden in der interferometerbasierten Messtechnik zumeist Weißlichtquellen eingesetzt. Durch die Analyse der Intensitätsmaxima, statt der Phase, sind die Messungen eindeutig und der Messbereich ist theoretisch unbegrenzt. [POP05, S. 399-411]

3.3 Emissionsspektroskopie

Die Materialverdampfung und Ausbildung eines Plasmas führt zu einem Prozessleuchten während des Schweißens. Die emittierte Strahlung ist dabei charakteristisch für die verwendeten Materialien. Für die Detektion der Einschweißtiefe mit Hilfe eines Spektrometers wird die vom Prozess emittierte Strahlung analysiert. Im Folgenden werden die Grundlagen der Strahlungsemission und die Funktionsweise eines Spektrometers, in diesem Fall eines Gitterspektrometers, erläutert.

Die Emissionsspektroskopie basiert auf der Analyse der charakteristischen elektromagnetischen Strahlungsemission von angeregten Atomen. Durch Stöße können die Elektronen eines Atoms unterschiedliche Energieniveaus besetzen. Definiert werden die möglichen Zustände insbesondere durch die Hauptquantenzahl n. Diese beschreibt im Wesentlichen das Energieniveau des Elektrons und seinen Abstand vom Atomkern. Die Wahrscheinlichkeit für die Besetzung eines Zustands wird über die Boltzmann-Verteilung abgeschätzt. Im thermodynamischen Gleichgewicht gilt:

3.3
[GRI05, S. 188-192]

$$n_k = n \frac{g_k}{Z(T)} \cdot e^{-\frac{E_k}{k_B T}}$$

3.4
[GRI05, S. 188-192]

$$Z(T) = \sum_k g_k \cdot e^{-\frac{E_k}{k_B T}}$$

n_k: Atomdichte in Zustand k [m^{-3}]; n: Gesamtatomdichte [m^{-3}]; g_k: Entartungsgrad Zustand k [-]; Z: kanonische Zustandssumme [-]; E_k: Energie über Grundniveau Zustand k [eV]; k_B: Boltzmann-Konstante [$eV \cdot K^{-1}$]; T: Temperatur [K]

Der Übergang von einem hohen Energieniveau auf ein niedrigeres erfolgt spontan unter Emission eines Photons. Durch die Detektion mit einem Spektrometer kann ein Intensitätsspektrum aufgenommen werden. Eingesetzt wird das Verfahren zum Beispiel bei der laserinduzierten Plasmaspektroskopie (LIBS). [BAL06; NOL12] Durch die Verdampfung von Material mit Laserstrahlung entsteht ein Plasma, in welchem die ionisierten Atome spontan Strahlung emittieren. Durch Messung der Strahlungsintensität kann durch LIBS auf die Materialzusammensetzung geschlossen werden. Sie bietet eine zerstörungsarme und schnelle Möglichkeit zur Materialcharakterisierung. In Bild 18 sind beispielhaft zwei Emissionsspektren von Aluminium und Kupfer abgebildet. Die detektierte Strahlung besitzt bei unterschiedlichen Wellenlängen charakteristische Signal-Peaks und lässt somit eine Unterscheidung der Materialien zu. Eine weiterführende Auswertung der Spektren wird in Kapitel 6.5 vorgenommen.

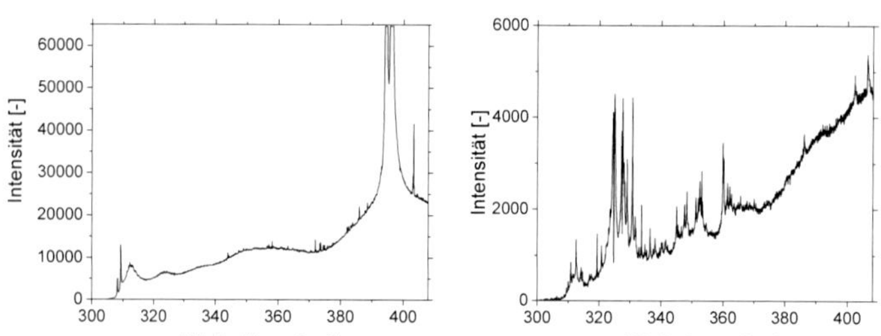

Bild 18: Beispielhafte Emissionsspektren von Aluminium (links) und Kupfer (rechts)

Der Effekt der Selbstabsorption kann bei der Emissionsspektroskopie die Intensität der Emissionslinien abschwächen und eine Messung negativ beeinflussen. Dabei werden die vom heißen Plasmakern abgegebenen Photonen von nicht angeregten Atomen im kälteren Bereich des Gases absorbiert. Ein Maß für diesen Effekt ist der Selbstabsorptionskoeffizient k_t:

3.5
[AGU03]

$$k_t = \frac{e^2\lambda^2}{4\epsilon_0 m_e c^2} f_{ik} \frac{g_i e^{-\frac{E_i}{k_B T}}}{Z(T)} \left(1 - e^{-\frac{E_k - E_i}{k_B T}}\right)$$

k_t: Absorptionskoeffizient Spektrallinie [m^{-3}]; e: Elementarladung [C]; c: Lichtgeschwindigkeit [$m\ s^{-1}$]; f_{ik}: Oszillatorstärke des Überganges [-]; g_i: Entartungsgrad des unteren Zustandes [-]; E_k: Energieniveau [eV]; k_B: Boltzmann-Konstante [$eV\ K^{-1}$]; Z: kanonische Zustandssumme[-]; T: Temperatur [K]; ε_0: elektrische Feldkonstante [$As\ V^{-1}\ m^{-1}$]; m_e: Elektronenmasse [kg]

Für die Detektion der Plasmaemission werden Spektrometer verwendet. In einem Spektrometer wird die eingehende Strahlung entsprechend ihrer Wellenlänge aufgeteilt. In optischen Spektrometern erfolgt die Brechung der Strahlung an Gittern oder Prismen. Dafür wird die eingehende Strahlung hinter dem Eintrittsspalt mit Linsen oder Hohlspiegeln kollimiert. Am Gitter oder Prisma wird das Licht durch Beugung und Interferenz in seine spektralen Bestandteile zerlegt (Bild 19). Das spektral zerlegte Licht wird auf einen Detektor fokussiert. Der Detektor des in dieser Arbeit verwendeten Spektrometers besteht aus einer linearen Anordnung an Pixeln und kann so die Intensität der einzelnen Spektrallinien auflösen. Die Intensität der Messung ist dabei von der Belichtungszeit (Integrationszeit) abhängig. Die Integrationszeit bestimmt maßgeblich die zeitliche Auflösung der Messung. [DEM11, S. 70- 83, 128-156]

Bild 19: Schematischer Aufbau eines Spektrometers

nach [THO99, S. 267-305]

Bei der Auslegung eines Gitterspektrometers müssen bezüglich der örtlichen und zeitlichen Auflösung Kompromisse eingegangen werden. Die örtliche Auflösung wird dabei insbesondere durch folgende Komponenten bestimmt und beeinflusst indirekt die zeitliche Auflösung:

- Eintrittsspalt
- Gitter

Die Breite des Eintrittsspalts bestimmt die Breite des auf dem Detektor abgebildeten Bildes. Ein kleiner Spalt führt zu einem höheren spektralen Auflösungsvermögen. Die Spaltbreite wird durch den zunehmenden Einfluss von Beugungseffekten an kleinen Spalten begrenzt. Zusätzlich wirkt der Spalt als Eingangsapertur und reduziert somit den Lichteinfall und folglich die Intensität am Detektor. Die reduzierte Intensität kann durch eine Erhöhung der Integrationszeit am Sensor ausgeglichen werden. Dies wiederum senkt die zeitliche Auflösung des Spektrometers. [DEM11, S. 78-83]

Das Gitter wird maßgeblich über die Gitterkonstante definiert. Diese beschreibt den Abstand der einzelnen Gitterelemente (je nach Gitter, Spalte oder Furchen). Eine kleine Gitterkonstante führt zu einem größeren Ablenkwinkel (siehe Formel 3.6).

3.6 [DEM11, S.79]

$$m \cdot \lambda = g \cdot (\sin \alpha + sin\beta)$$

m: Beugungsordnung [-]; λ: Wellenlänge [µm]; g: Gitterkonstante [µm]; α: Einfallswinkel [°]; β: Ablenkwinkel [°]

Die spektrale Zerlegung wird entsprechend auf einer längeren Strecke auf dem Sensor abgebildet. Dies hat einen positiven Effekt auf die spektrale Auflösung, reduziert jedoch den messbaren Wellenlängenbereich bei gleichbleibender Sensorgröße. Zusätzlich sinkt die Intensität aufgrund des größeren bestrahlten Bereichs. Die spektrale Auflösung ist abhängig von der Anzahl der beleuchteten Gitterelemente N und der Beugungsordnung m nach Formel 3.7.

3.7 [DEM11, S. 81]

$$\frac{\lambda}{\Delta\lambda} = m \cdot N$$

Δλ: auflösbarer Wellenlängenunterschied [nm]; λ: Wellenlänge [nm]; m: Beugungsordnung [-]; N: beleuchtete Gitterelemente [-]

Basierend auf diesen Grundlagen wird in Kapitel 6 mit Hilfe eines Gitterspektrometers die Prozessemission detektiert. Die Wellenlängen der Intensitätsmaxima charakterisieren das verdampfte Material.

3.4 Prozessanalyse mit Röntgenstrahlung

Für die Erarbeitung grundlegender Prozessmechanismen bei metallischen Werkstoffen bietet sich insbesondere die Röntgenstrahlung an. Die energiereiche Strahlung durchdringt die Materialien abhängig von ihrer Dichte. Die Analyse basiert auf Beugungsmechanismen der Strahlung bei der Interaktion mit Materie. Jeder Werkstoff erzeugt eigene charakteristische

Beugungsmuster bei der Interaktion mit Röntgenstrahlung. Bei einer Mischverbindung mit unterschiedlichen Mischkristallen und Phasen kann die Zusammensetzung in Diffraktogrammen analysiert werden. [SPI19, S. 235-274]

Für die Beugung der Röntgenstrahlung dient die periodische, kristalline Struktur des Werkstoffs als Beugungsgitter. Für die konstruktive Interferenz gilt nach dem Huygenschen Prinzip bei der Beugung einer ebenen Welle an einem Punktgitter die Gleichung 3.8. Die Übertragung dieser Gleichung auf ein dreidimensionales Gitter eines Kristalls wird als Laue-Gleichung bezeichnet. [SPI19, S. 73-89]

3.8

$$a \cdot (\cos\beta - \cos\alpha) = h \cdot \lambda$$

[SPI19, S. 89]

a: Atomabstand in der Elementarzelle [nm]; β: Beugungswinkel [°]; α: Einfallswinkel [°]; h: Interferenzordnung [-]; λ: Wellenlänge [nm]

Für die Einführung der Bragg-Gleichungen wird die Werkstoffoberfläche als eine parallele Anordnung von Atomen betrachtet. Ein auftreffender monochromatischer Röntgenstrahl wird im kernnahen Bereich des Atoms reflektiert. Dabei entspricht der Einfalls- dem Ausfallswinkel. Die energiereiche Röntgenstrahlung erreicht ebenfalls die zweite Atomebene im Werkstoff und wird auch hier reflektiert. Bei der Überlagerung der reflektierten Teilstrahlen entsteht ein Weglängenunterschied abhängig vom Abstand der Atome. Nach Bragg gilt die Gleichung 3.9. [SPI19, S. 89-92]

3.9

$$2d \cdot \sin\theta = h \cdot \lambda$$

[SPI19, S.89-91]

d: Netzebenenabstand [nm]; θ: Glanzwinkel [°]; h: Interferenzordnung [-]; λ: Wellenlänge [nm]

Eine besondere Form der Röntgenstrahlung ist die Synchrotronstrahlung. Diese bezeichnet eine elektromagnetische Strahlung, die mit einem Synchrotronbeschleuniger erzeugt wird und besonders energiereich ist. Der Beschleuniger besteht aus einem ringförmigen Rohr mit Ultrahochvakuum. Mit Hilfe von Magnetfeldern werden Elektronen mit Lichtgeschwindigkeit auf die Kreisbahn gezwungen. Dabei geben sie, abhängig vom Ringdurchmesser, Energie ab. Ein größerer Ringdurchmesser führt zu geringeren Energieverlusten. Die ausgekoppelte Strahlung kann für wissenschaftliche Untersuchungen genutzt werden. Die kurzwellige Röntgenstrahlung ist dabei in der Lage, Metalle zu durchdringen. Vorteile der Synchrotronstrahlung sind der hohe Photonenfluss, was zu einer hohen Helligkeit und entsprechend kurzen Messzeiten führt, die kleine Apertur und die hohe Energie der charakteristischen Röntgenstrahlung. [SPI19, S. 101-104]

Zur Charakterisierung und zum Vergleich der Synchrotronstrahlung wird die Brillanz verwendet. Diese ist definiert als Anzahl der emittierten Photonen pro

Zeit, Fläche, Raumwinkel und Bandbreite der Wellenlänge. Synchrotronquellen der dritten Generation erreichen hierbei Werte von 10^{16} Photonen / (s·mm²·mrad²·0,1% Bandbreite) und liegen damit deutlich über der Brillanz der Sonne (10^{10} Photonen / (s·mm²·mrad²·0,1% Bandbreite). [MOB14, S. 7-20]

Bei der Durchstrahlung von metallischen Proben muss die transmittierte Röntgenstrahlung für die Analyse detektiert werden. Dafür können Szintillatoren eingesetzt werden. Diese bestehen aus Kristallen, welche einen Teil der Röntgenstrahlung durch Lumineszenz in sichtbare Strahlung umwandeln. Die sichtbare Strahlung kann mittels Fotodetektoren ausgewertet werden. [SPI19, S. 133]

Der Einsatz beim Laserstrahlschweißen wird in Kapitel 5.3 anhand experimenteller Untersuchungen dargestellt. Durch die unterschiedliche Beugung an den Materialien können Phasengrenzen während des Prozesses identifiziert werden.

4 Analyse elektrischer Übergangswiderstände bei Schweißverbindungen[1]

4.1 Elektrische Modellierung von Schweißverbindungen

Die Modellierung und Simulation des Stromflusses können die Prozessentwicklung und Auslegung einer elektrischen Verbindung unterstützen. Ziel der Untersuchung ist die Analyse der Schweißnahtpositionierung und -geometrie.

Für die Modellierung wird die in Bild 15 dargestellte Schaltung zugrunde gelegt. Der Übergangsbereich der Überlappverbindung wird dabei aufgeteilt in $R_{M,i}$, $R_{m,i}$ und $R_{V,i}$. Der Index i steht dabei für die Anzahl an Segmenten, in die die Verbindung aufgeteilt wird. $R_{M,i}$ ist der aufgeteilte Widerstand des ersten Leiters, während $R_{m,i}$ der aufgeteilte Widerstand des zweiten Leiters ist. Der Brückenwiderstand $R_{V,i}$ charakterisiert den Widerstand in der Verbindung. Basierend auf diesem Modell werden folgende Fälle berechnet:

- Variation der Brückenwiderstände R_V
- Variation der Materialwiderstände R_M und R_m
- Variation der zentralen Brückenwiderstände
- Variation der randnahen Brückenwiderstände

Im ersten Fall werden die Brückenwiderstände über die gesamte Breite der Verbindung also über alle Segmente i variiert. Dafür werden die Materialwiderstände konstant und gleich gehalten. Dieser Fall entspricht einer vollflächigen Überlappverbindung gleicher Materialien. Die Verbindung wird dafür in 100 Segmente unterteilt, siehe Bild 20.

[1] Dieses Kapitel enthält Ergebnisse der Masterarbeit von Sebastian Kremer: *Aufbau eines Prüfstands und Modellierung des elektrischen Übergangswiderstands bei laserstrahlgeschweißten Verbindungen von Lithium-Ionen-Batterien*. Angefertigt am 28.09.2018. Betreuende Professoren: Prof. Dr.-rer. nat. Dirk Uwe Sauer, Prof. Dr. rer. nat. Peter Loosen; wissenschaftliche Betreuer: Cem Ünlübayir M.Sc., Sören Hollatz M.Sc. – RWTH Aachen University

Bild 20: Schematische Darstellung der segmentierten Überlappverbindung

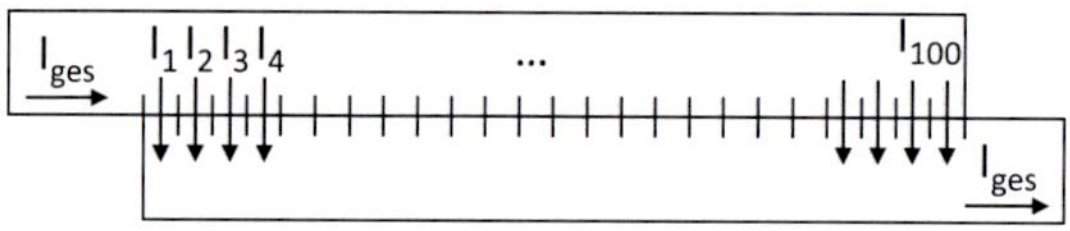

Der Strom, der durch die einzelnen Segmente fließt, kann für beliebige Widerstände (Material und Übergang) berechnet werden. In Bild 21 wird dieser Strom anteilig am Gesamtstrom I_{ges} über den Verbindungssegmenten aufgetragen.

Bild 21: Stromanteile bei variablen Brückenwiderständen R_V

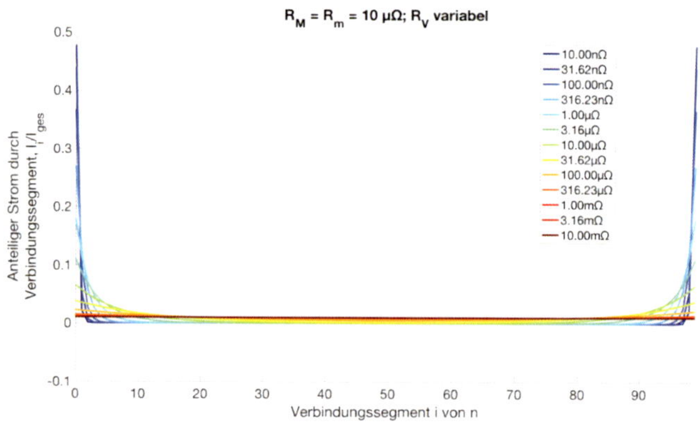

Bei kleinen Brückenwiderständen ($R_V < R_m$, R_M) fließt der relevante Anteil des Gesamtstroms über wenige Randsegmente. Der Einfluss der Breite dieser Verbindung ist in diesem Fall nahezu irrelevant. Erst bei Brückenwiderständen, die um den Faktor 100 größer sind als die Materialwiderstände, wird der Strom nahezu homogen über die gesamte Breite der Verbindung geleitet. Zunächst erscheint dieser Randeffekt widersprüchlich, da jeder Strompfad des Modells den gleichen Widerstand erfährt. Durch eine andere Darstellung des Ersatzschaltplans kann dieser Effekt aufgrund der Ähnlichkeit zu einer kaskadierten Brückenschaltung erklärt werden, siehe Bild 22.

Bild 22:
Ersatzschaltbild zur
Erklärung des
Randeffekts

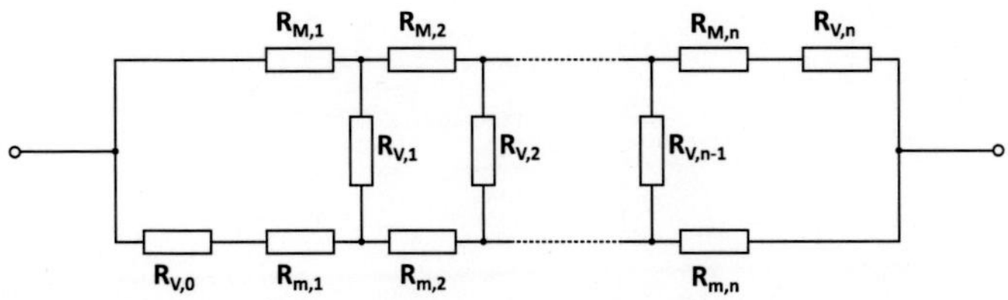

$R_{M,i}$: Materialwiderstand von M [Ω]; $R_{V,i}$: Brückenwiderstand [Ω]; $R_{m,i}$: Materialwiderstand von m [Ω]

Bei einer idealen Leitfähigkeit ($R_V = 0\ \Omega$) der Randbereiche, also Segmente i = 0 und i = n, verlieren die weiteren Brückensegmente die Potentialdifferenz und tragen somit nicht zum Stromfluss bei. Der Wert des Widerstands der weiteren Brückensegmente hat dabei keinen Einfluss auf diesen Effekt. Das Verhältnis der Materialwiderstände verändert die Verteilung des Stromflusses der beiden Ränder. Folglich entsteht durch eine ideale Verbindung in den Randbereichen eine Parallelschaltung der beiden Leiter. Für die Auslegung von Überlappverbindungen bedeutet dies eine Fokussierung auf die Randbereiche, um eine Parallelschaltung zu erreichen. Die Verwendung von evolutionären Algorithmen führt in [SCH15, S. 83- 131] zu vergleichbaren Ergebnissen. Hierbei werden Schweißpunkte auf der Überlappverbindung positioniert und die Kontaktgüte berechnet. Durch Rekombination möglicher Anordnungen wird die Kontaktgüte iterativ optimiert. Ergebnis ist eine Positionierung der Schweißpunkte entlang der Kanten des Überlapps.

Der zweite Fall betrachtet einen konstanten Brückenwiderstand R_V bei unterschiedlichen Materialwiderständen R_M und R_m. Der zuvor identifizierte Randeffekt tritt auch in dieser Untersuchung auf, siehe Bild 23. In der Abbildung sind erneut die Stromanteile des jeweiligen Segments aufgetragen. Die Unterschiede in den Materialwiderständen erzeugt eine Verschiebung des Stromflusses hin zu dem Material mit dem höheren Materialwiderstand. Der Index 0 liegt in dieser Darstellung auf der Seite von R_M.

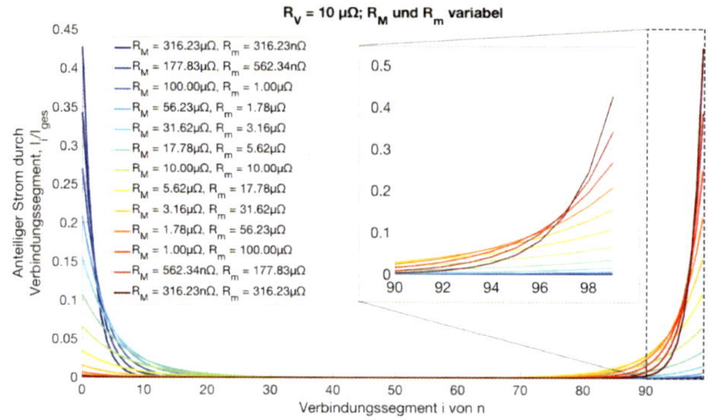

Bild 23:
Stromanteile bei variablen Materialwiderständen R_M und R_m

Da der Strom den Weg mit dem geringsten Widerstand sucht, wird er möglichst im Leiter mit dem geringeren Widerstand fließen. Eine artungleiche Verbindung besitzt folglich ebenfalls einen primär durch die Ränder bestimmten Stromfluss. Das Verhältnis der Strombelastung der Ränder ist abhängig von dem Verhältnis der Materialwiderstände der beiden Leiter. Übertragen auf eine Verbindung von Aluminium und Kupfer ergibt sich ein Verhältnis der Widerstände von 1,611. Der spezifische elektrische Widerstand von Aluminium beträgt 0,029 Ω·mm²/m und von Kupfer 0,018 Ω·mm²/m (vgl. Tab. 3; spezifischer Widerstand entspricht Kehrwert der elektrischen Leitfähigkeit). Eine entsprechend asymmetrische Stromverteilung wird demnach auch bei dieser Verbindung auftreten. Für die Auslegung einer Schweißverbindung im Überlapp bedeutet dies eine Fokussierung auf die Verbindung auf Seiten des Materials mit niedriger Leitfähigkeit, da diese Verbindung den primären Stromanteil trägt.

Für die Übertragung auf Schweißverbindungen wird von einem Materialüberlapp ausgegangen, dessen Überlappfläche nur teilweise stoffschlüssig durch die Schweißnaht verbunden ist. Bei der übrigen überlappenden Fläche besteht ein kraftschlüssiger Kontakt, der ebenfalls einen Anteil am Stromfluss hat. Der Brückenwiderstand im kraftschlüssigen Bereich entspricht in diesem Fall dem Materialwiderstand mit einer Vergrößerung um den Faktor 100. Die Brückenwiderstände der Schweißverbindung sind variabel. Die Schweißnahtbreite verläuft über zehn Segmente des Brückenwiderstands (Indizes 45 bis 54). Die resultierenden Stromanteile sind in Bild 24 dargestellt. Ein vergleichsweise kleiner Widerstand im Bereich der Schweißnaht führt zu einem sprunghaften Anstieg des Stromflusses durch die äußeren Segmente des Schweißbereichs. Dies ermöglicht eine Nutzung des gesamten, überlappenden Materials im Bereich der Schweißnaht. Innerhalb der Schweißnaht besteht in diesem Fall fast kein Übergang eines Materials zum anderen. Eine verringerte

Schweißnahtqualität, also eine Erhöhung des Widerstands, führt zu einer Abnahme dieses Effekts. Bei Schweißnähten mit großem Widerstand im Vergleich zu den kontaktbehafteten, überlappenden Flächen, wird entsprechend ein geringerer Anteil über die Schweißnaht geleitet.

Bild 24:
Stromanteile in einer Überlappverbindung mit variablen Brückenwiderständen der Indizes 45 bis 54

logarithmische Darstellung

[HOL20a]

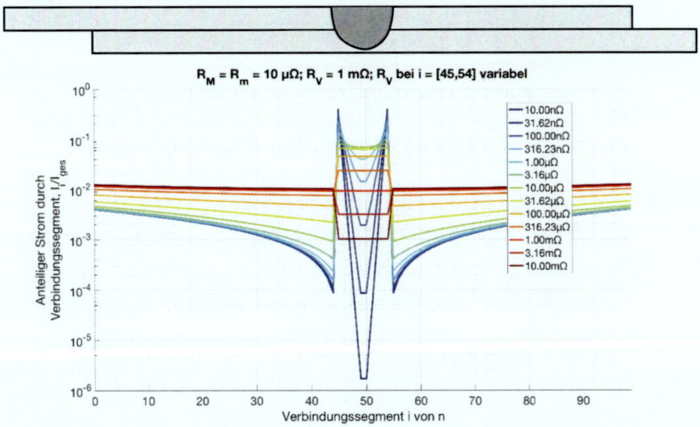

Bei den in der Anwendung angestrebten Schweißnahtwiderständen im Bereich des Materialwiderstands (in diesem Fall 10 µΩ) variiert der Stromanteil durch die widerstandsbehafteten kraftschlüssigen Kontakte von $9 \cdot 10^{-4}$ bis $4 \cdot 10^{-3}$. Bei der Auslegung von Schweißverbindungen ist das Ziel, diese Stromanteile zu reduzieren und den Strom stattdessen über die Schweißverbindung mit geringerem Widerstand zu leiten, um Wärmeverluste zu vermeiden.

Die Aufteilung der zentralen Schweißnaht (10 Segmente) auf zwei Schweißnähte mit halber Breite (je 5 Segmente) bewirkt eine Abnahme der Stromanteile im kraftschlüssigen Bereich. In diesem Fall variieren die Brückenwiderstände von je 5 Segmente an beiden Rändern. Das Ergebnis der Simulation ist in Bild 25 dargestellt. Bei der Betrachtung von Schweißnähten, die einen identischen Widerstand wie das Grundmaterial haben, ist das Niveau der Stromanteile im Bereich des kraftschlüssigen Kontakts geringer. In diesem Beispiel übersteigen die Stromanteile in den Segmenten 5 bis 94 einen Wert von $8 \cdot 10^{-4}$ nicht.

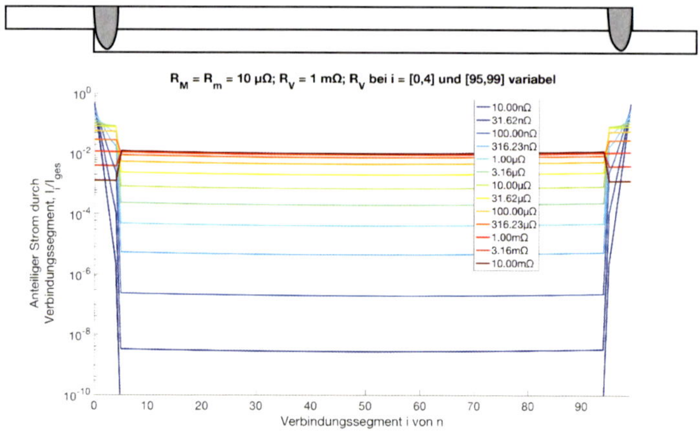

Bild 25: Stromanteile in einer Überlappverbindung mit variablen Brückenwiderständen der Indizes 0 bis 4 und 95 bis 99

logarithmische Darstellung

[HOL20a]

Die Simulationen zeigen den Einfluss der Schweißnahtanordnung auf den Stromfluss in der Fügeverbindung. Rein elektrisch betrachtet ist das Aufbringen von mehreren Schweißnähten mit geringem Widerstand bei Überlappverbindungen vorteilhaft gegenüber einer einzelnen Schweißnaht. Die Breite der Schweißnähte sowie die Ausnutzung der gesamten Überlappfläche ist nur bei hohen Strömen und Schweißnahtverbindungen mit höheren Widerständen notwendig.

Die Kombination dieser Simulation mit unterschiedlichen Materialwiderständen führt entsprechend zu einer Verschiebung der Stromanteile zu dem Material mit dem höheren Materialwiderstand. Der Strom fließt in diesem Fall maximal lange im Material mit geringem Widerstand.

4.2 Messaufbau zur experimentellen Validierung anhand von Aluminium-Kupfer-Verbindungen

Die Ergebnisse der vorangegangenen Simulationen werden auf experimentelle Untersuchungen übertragen und durch die Versuche verifiziert. Für eine reproduzierbare Charakterisierung der Übergangswiderstände wird ein Prüfstand konzipiert und aufgebaut. Für die Vermessung entsprechend dem Aufbau in Bild 16 sind insbesondere folgende Komponenten von großer Relevanz:

- Stromklemmen zur Einspeisung des Messstroms
- Messspitzen zur Detektion der anliegenden Spannung

- Messgerät zur präzisen Messwertaufnahme

Mit den Stromklemmen werden sowohl die Proben mechanisch geklemmt, sodass ein kraftschlüssiger Kontakt entsteht, als auch der Messstrom eingeleitet. Bei niederohmigen Verbindungen kann dieser im Bereich von 10 A bis 100 A liegen. Eine asymmetrische oder in Leiterbreite inhomogene Einspeisung des Stroms kann zu einer Verzerrung der Äquipotentiallinien führen [STA08]. Zur Reduzierung dieser Verzerrung bringen die Stromklemmen den Strom über die gesamte Breite der Proben ein. Dadurch wird direkt eine homogene Stromeinspeisung gewährleistet. Zusätzlich sorgt ein Abstand zwischen den Stromklemmen und den Messspitzen für einen reduzierten Einfluss einer möglichen Verzerrung.

Für die Bestimmung der Kontaktgüte werden drei Messungen durchgeführt: zwei an den beiden Materialien für den jeweiligen Materialwiderstand und eine am Übergang. Um eine Neupositionierung der Messspitzen zu vermeiden, werden vier Messspitzen verwendet, entsprechend Bild 16 sowie dem Messaufbau in [SCH15, S. 56- 63]. Dadurch können die Abstände der vier Messspitzen fixiert und die Messspitzen reproduzierbar auf der Probe positioniert werden. Unterschiedliche Abstände der Messspitzen führen zu Ungenauigkeiten in der Messung, da die Strecke in die Berechnung mit eingeht. Weiterer Einflussfaktor in Bezug auf die Messung ist die Andruckkraft der Messspitzen auf das Bauteil. Bei unterschiedlicher Kraft werden die Spitzen unterschiedlich weit in die Probe gedrückt und besitzen entsprechend eine variierende Kontaktfläche. Dies hat ebenfalls Einfluss auf die Messung. Zur Vermeidung von Messungenauigkeiten werden die Messspitzen mit Federn auf die Proben gedrückt.

Die erwarteten Messwerte für den Übergangswiderstand sind im Mikroohm-Bereich. Folglich muss das Messsystem entsprechend kleine Spannungen aufnehmen und auflösen können. Die gemessenen Spannungen können durch Erhöhung des Messstroms ebenfalls erhöht werden. Damit kann die Messung vereinfacht werden. Ein erhöhter Messstrom ruft jedoch eine erhöhte Wärmeumsetzung in der Probe hervor und beeinflusst somit den temperaturabhängigen Materialwiderstand.

Das im Folgenden verwendete Messsystem (Mikroohmmeter LoRe von Werner Industrielle Elektronik) vereint sowohl die Bereitstellung und Messung des Messstroms als auch die Spannungsmessung. Über einen separaten Stromkreis, kann ein Messstrom von 40 A bis 90 A eingeprägt werden. Das System vermisst Widerstände im Messbereich von 10 nΩ bis 500 mΩ mit einer Auflösung von 1 nΩ. [WER12]

Für die experimentelle Untersuchung werden Proben aus Aluminium (Al99,5) und Kupfer (Cu-ETP) mit einer Dicke von 0,3 mm verwendet. Die einzelnen

Probenbleche sind 85 mm lang und 20 mm breit und werden mit einem Überlapp von 10,5 mm verschweißt. Der Versuchsplan beinhaltet artgleiche (Al-Al, Cu-Cu) sowie artungleiche Schweißungen (Al-Cu). Um das Simulationsmodell zu verifizieren, werden Proben mit einer mittigen Schweißnaht, Schweißnähten am Rand des Überlapps sowie neben der Schweißnaht isolierte Proben untersucht.

Für die Auswertung der Messungen wird das Messsystem kalibriert. Über Referenzmessungen werden Korrekturfaktoren für die Messung der Materialwiderstände sowie für die Messung des Übergangs berechnet. Dies ist aufgrund von Abweichungen in der Länge der Messstrecken notwendig. Bei der Messung im Übergang besteht die Besonderheit, dass die Messstrecke bei dem vorhandenen Überlapp von 10,5 mm aus Gründen der Zugänglichkeit 11 mm beträgt. Hierbei wird der Messwert um den Materialwiderstand des nicht überlappenden Materials korrigiert. Eine detaillierte Beschreibung der Datenaufbereitung befindet sich im Anhang 11.3.

4.3 Verifizierung des Simulationsmodells mit Hilfe der experimentellen Untersuchungen

Für eine Verifizierung des Simulationsmodells ist die experimentelle Untersuchung der am Übergang beteiligten Elemente notwendig. Die stromtragenden Elemente lassen sich in die stoffschlüssige Verbindung resultierend aus dem Laserschweißprozess und dem kraftschlüssigen Kontakt durch den Überlapp der beiden Bleche aufteilen. Der Anteil am Gesamtwiderstand wird mit Hilfe der in Bild 26 dargestellten Anordnungen bestimmt. Für die erste Anordnung wird eine Schweißnaht mittig im Überlappbereich platziert. Für die zweite Anordnung wird der Überlappbereich so weit verkleinert, dass möglichst wenig Strom durch einen kraftschlüssigen Kontakt übertragen wird. Im letzten Fall wird der Strom ausschließlich durch den Kraftschluss geleitet.

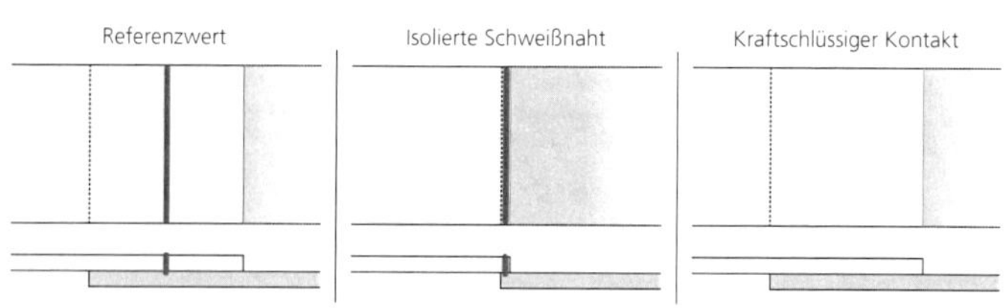

Bild 26: Anordnungen für die Bestimmung der jeweiligen Stromanteile

rot: Schweißnaht

oben: Draufsicht
unten: Seitenansicht

Die Ergebnisse der drei Anordnungen sind in Tab. 7 für die drei Materialkombinationen Al-Al, Cu-Cu und Al-Cu dargestellt. Die Messwerte sind Mittelwerte aus je drei bis fünf wiederholenden Messungen und im Falle der geschweißten Anordnungen aus je fünf Proben. Auffallend ist der Widerstand der Verbindung R_V von Al-Cu in der zweiten Anordnung (isolierte Schweißnaht). Ohne den zusätzlichen Kraftschluss steigt der Widerstand hier deutlich an. Der erhöhte Verbindungswiderstand bei der artungleichen Verbindung kann an dieser Stelle ein Indiz für das Einwirken von intermetallischen Phasen sein.

Anordnung	**Al-Al**		**Cu-Cu**		**Al-Cu**		
[µΩ]	R_M	R_V	R_M	R_V	R_{M1}	R_V	R_{M2}
Referenzwert	54,8	54,4	31,7	33,0	54,7	44,7	31,7
σ	0,2	0,2	0,3	0,7	0,2	0,3	0,3
Iso. Schweißnaht (als 11 mm)	54,5092	37,3081	31,4245	28,7739	54,3400	75,3989	31,4123
σ	0,3	0,2	0,2	0,2	0,3	0,8	0,2
Kraftschlüssiger Kontakt	56,7	2716,7	34,7	240,6	55,1	1229,5	31,7
σ	0,8	363,9	3,2	25,1	0,7	128,9	0,2

Tab. 7: Gemessene Widerstände R in den drei Anordnungen und Standardabweichung σ

Die Messwerte für den kraftschlüssigen Kontakt sind deutlich höher als die Übergangswiderstände bei den geschweißten Proben. Dies resultiert aus den einzelnen Mikrokontakten der Oberflächen und dem hohen Engewiderstand R_E. Der Widerstand der kraftschlüssigen Aluminiumverbindung (Al-Al) ist mit rund 2700 µΩ um den Faktor 11 größer als der Widerstand der Kupferverbindung (Cu-Cu) mit rund 240 µΩ. Dieses Phänomen ist auf die Oxidation der Aluminiumoberflächen an Luft und den hohen elektrischen Widerstand der Oxidschicht zurückzuführen [BAR10, S. 532]. Folglich spielt der kraftschlüssige Kontakt im Überlapp einer Aluminiumverbindung eine untergeordnete Rolle. Auch bei den Mischverbindungen (Al-Cu) ist der kraftschlüssige Widerstand um den Faktor 5 höher als bei der Kupferverbindung.

Weiterhin kann den Messwerten entnommen werden, dass die Verbindungswiderstände R_V für alle Referenzwerte nahezu auf dem Wert des Grundmaterials liegen. Bei den Verbindungen von Aluminium und Kupfer wird R_V = 44,7 µΩ gemessen. Der Mittelwert der beiden Grundmaterialien entspricht 43,2 µΩ. Der Übergangswiderstand weicht entsprechend um ca. 3,5% ab und liegt somit nah an den Grundwerten der Materialien.

Mit Hilfe der Messergebnisse kann das Simulationsmodell parametrisiert werden. Die reale Verbindung besitzt eine Überlapplänge von 11 mm. Daher wird hierfür ein Modell mit n = 110 Elementen verwendet, sodass der Abstand der Elemente Δs = 0,1 mm beträgt. Die Schweißnahtbreite beträgt 0,5 mm. Der Brückenwiderstand im Bereich der Schweißnaht $R_{v,s}$ wird variiert, bis das Ergebnis dem Messergebnis der isolierten Schweißnaht entspricht. Die kraftschlüssigen Brückenwiderstände $R_{v,k}$ können ebenfalls ermittelt werden (Details im Anhang 11.4).

Das resultierende Model besitzt bei den Elementen 53 bis 58 den Brückenwiderstand $R_{v,s}$ und in allen weiteren Elementen den kontaktschlüssigen Brückenwiderstand $R_{v,k}$. In Tab. 8 wird der simulierte Übergangswiderstand mit den gemessenen Referenzwerten abgeglichen.

Tab. 8: Simulation des Übergangswiderstands und Vergleich mit den Messwerten bei einer zentralen Schweißnaht

Verbindung	**Gem. Übergangswiderstand [µΩ]**	**Sim. Übergangswiderstand [µΩ]**	**Abweichung**
Al-Al	54,3890	53,9326 µΩ	0,824 %
σ	0,2		
Cu-Cu	33,0015	31,1955 µΩ	5,472 %
σ	0,7		
Al-Cu	44,6577	44,5665 µΩ	0,204 %
σ	0,3		

Die Abweichungen für die Al-Al- und Al-Cu-Verbindung betragen weniger als 1 %. Für die Cu-Cu-Verbindungen besteht jedoch eine Abweichung von größer 5 %. Dieser Wert entsteht durch die Abhängigkeit des kraftschlüssigen Brückenwiderstands $R_{v,k}$ von der Kontaktkraft [SCH15, S. 26- 30]. Da die Kontaktkraft bei einer geschweißten Verbindung unbekannt ist, kann der kraftschlüssige Brückenwiderstand nicht genau nachgebildet werden. Die durchgeführten Messungen des kraftschlüssigen Widerstands unterliegen ebenfalls deutlichen Messwertschwankungen. Die Simulation der Stromverteilung unterstützt den Einfluss des kraftschlüssigen Widerstands. In Bild 27 sind die Stromanteile am Gesamtstrom über die Verbindungselemente aufgetragen. Die Cu-Cu-Verbindung besitzt den größten Anteil an Strom, der neben der Schweißnaht fließt.

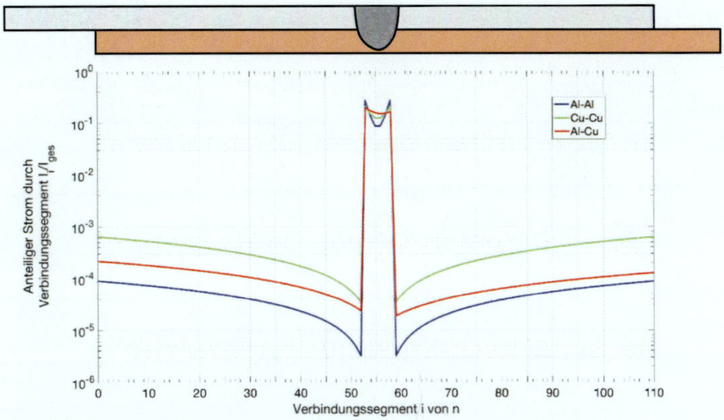

Bild 27:
Stromanteile durch die Brückenwiderstände mit mittiger Schweißnaht

Logarithmische Darstellung

Weiterhin kann die theoretisch optimale Verbindung einer Doppelnaht simuliert werden. Hierbei besitzen die Elemente 0 bis 5 und 105 bis 110 die Brückenwiderstände der Schweißnaht. Die Abweichungen von Messung zu Simulation sind in Tab. 9 abgebildet. Auch in diesem Fall kann die Simulation die Realität abbilden. Grund für die entstehenden Abweichungen können in diesem Fall die geänderten Randbedingungen für die Schweißung sein. Durch die Verlegung der Schweißnähte auf die Materialränder, besteht eine größere Abhängigkeit von der Positionierung. Bei der mittig positionierten Schweißnaht kann Wärme während des Schweißens in beiden Materialien in beide Richtungen fließen. Bei der Doppelnaht befinden sich die Schweißnähte bei jeweils einem Material am Rand. Dadurch sind die Wärmeleitungseigenschaften verändert. Ein Aufschmelzen der Materialkante kann z. B. zu einer Verrundung oder Einschnürung des Materials und somit zu einer Verringerung des stromleitenden Querschnitts führen. Bei den Aluminium-Kupfer-Schweißungen kann ebenfalls ein erhöhtes Aufkommen von intermetallischen Phasen Ursache für die Abweichungen sein.

Tab. 9: Simulation des Übergangs-widerstands und Vergleich mit den Messwerten bei einer Doppelnaht

Verbindung	Gem. Übergangs-widerstand [μΩ]	Sim. Übergangs-widerstand [μΩ]	Abweichung
Al-Al σ	28,6291 0,3	27,8064	2,874 %
Cu-Cu σ	16,4810 0,3	16,3551	0,764 %
Al-Cu σ	22,8873 0,3	21,8038	4,734 %

Der Stromfluss in Bild 28 verdeutlicht den geringeren Einfluss des Kraftschlusses. Die beiden Materialien werden im Bereich des Überlapps parallelgeschaltet. Erkennbar ist ebenfalls der erhöhte Stromfluss im Bereich des Aluminiums (niedrige Indices) bei der artungleichen Aluminium-Kupfer-Verbindung.

Bild 28: Stromanteile durch die Brückenwiderstände mit Doppelnaht (logarithmisch)

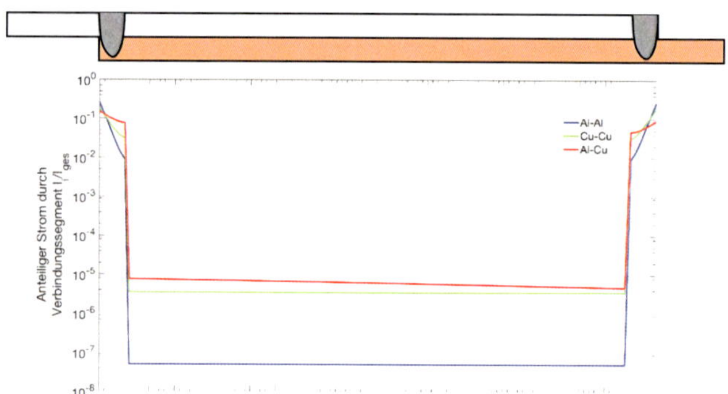

Mit Hilfe der Messungen kann das Simulationsmodel parametriert und mit den gemessenen Übergangswiderständen verglichen werden. Schwankungen bestehen im Bereich des undefinierten kraftschlüssigen Kontakts. Die Abweichungen zwischen Simulation und realem Messwert liegen bei maximal 5,5%. Basierend auf diesem Modell können Schweißnahtpositionierung und notwendige -breite im Vorfeld näherungsweise analysiert werden, um den Stromfluss durch den kraftschlüssigen Kontakt zu reduzieren. Im Überlappstoß ist die Nutzung des gesamten Überlappbereichs durch zwei außenliegende Schweißnähte von Vorteil. Der Widerstand der Verbindung wird dadurch von

45 µΩ auf 23 µΩ fast halbiert. Hierbei ist die Schweißnaht auf der Seite des Materials mit der geringeren elektrischen Leitfähigkeit besonders wichtig, da hier ein Großteil des Stroms in das Material mit höherer Leitfähigkeit übergeht.

4.4 Einfluss verschiedener Schweißnahtgeometrien auf den Übergangswiderstand

Basierend auf den simulierten Ergebnissen werden anhand experimenteller Untersuchungen die notwendige Schweißnahtlänge, Schweißgeometrie und Positionierung untersucht. Dafür werden sowohl artgleiche als auch artungleiche Verbindungen betrachtet.

4.4.1 Analyse artgleicher Verbindungen

Anhand von artgleichen Kupfer- und Aluminiumverbindungen wird der Einfluss der Schweißnahtlänge auf den Übergangswiderstand untersucht. Ungeachtet mechanischer Anforderungen ist aus produktionstechnischer Sicht eine möglichst kurze Schweißnaht vorzuziehen. Eine reduzierte Prozesszeit und die reduzierte Energieeinbringung sind insbesondere bei der Batteriekontaktierung positiv zu bewerten. Der Übergangswiderstand und die Verbindungsgüte bei Variation der Schweißnahtlänge sind in Bild 29 dargestellt.

Bild 29: Kontaktgüte (links) und Übergangswiderstand (rechts) in Abhängigkeit der Schweißnahtlänge

[HOL20a]

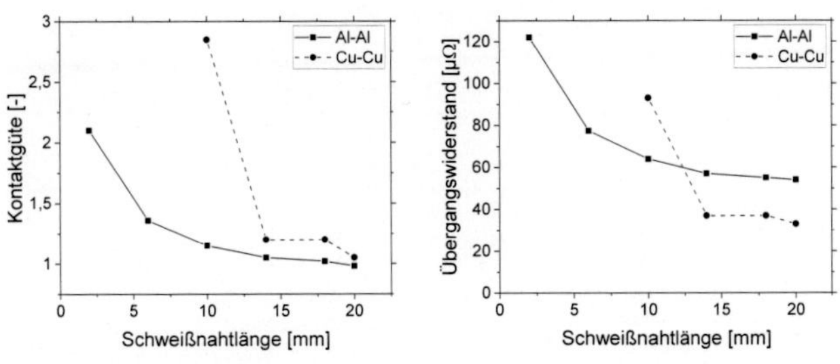

Die Ergebnisse zeigen insbesondere bei den Aluminiumverbindungen stetig fallende Messwerte bei steigender Nahtlänge. Die Messwerte fallen exponentiell und nähern sich einem Grenzwert an. Bei Betrachtung der Kontaktgüte (links) liegt diese Grenze bei dem Wert 1. Der gemessene Widerstand entspricht also dem Materialwiderstand. Die Annäherung an den Materialwiderstand ist Bild 29 rechts zu entnehmen. Die Messwerte nähern sich dem Wert für Aluminium von rund 55 µΩ, bzw. Kupfer von 32 µΩ (vgl. Tab. 7) an. Bei den Kupferverbindungen ist der Abfall des Widerstands mit zunehmender Schweißnahtlänge deutlich stärker ausgeprägt. Hier wird bei 14 mm Nahtlänge eine notwendige Mindestschweißnahtlänge erreicht. Eine weitere Steigerung der Nahtlänge führt nur noch zu einer geringen Reduktion der Übergangswiderstände. Eine Erklärung kann auf der höheren Wärmeleitfähigkeit, dem höheren Schmelzpunkt und dem geringeren Absorptionskoeffizienten des Kupfers basieren. Der Laserschweißprozess benötigt hier eine längere Strecke, bis ein stabiler Schweißprozess und eine stabile Anbindung erfolgen. Der Probenumfang je Parameter umfasst eine Probe mit je drei wiederholenden Messungen umfasst.

Neben der Schweißnahtlänge hat auch die Anordnung der Schweißnaht oder -nähte einen Einfluss auf die Kontaktgüte. Um die in Kapitel 4.1 aufgestellte These zur Nutzung von Schweißnähten senkrecht zur Stromrichtung zu bestätigen, sind in Tab. 10 verschiedene Anordnungen für Kupferverbindungen und deren gemittelte Kontaktgüten (mind. drei Proben) dargestellt. Eine geringe Kontaktgüte steht für eine qualitativ bessere Verbindung.

Tab. 10: Kontaktgüten verschiedener Schweißnaht-anordnungen

$P_L = 498$ W
$v_f = 100$ mm/s
$f_s = 1000$ Hz
$a_s = 0{,}2$ mm
Cu-Cu

[HOL20a]

	Quer	Längs	Sägezahn
Einzel	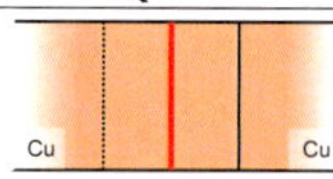	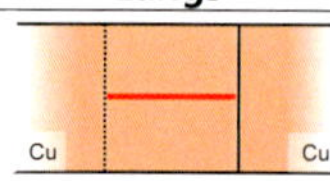	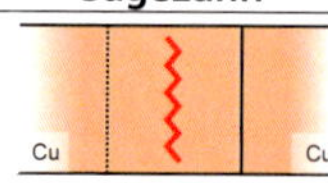
Kontaktgüte	1,041	1,183	0,994
σ	0,025		0,012
Doppel	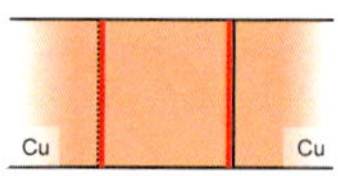	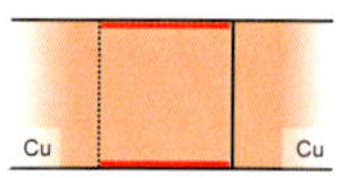	
Kontaktgüte	0,522	1,178	
σ	0,010		

Zuvor wurden ausschließlich Schweißnähte quer zur Stromrichtung betrachtet. Zur Vollständigkeit werden hier ebenfalls eine einfache und eine Doppelnaht in Längsrichtung untersucht. Auffallend ist, dass die doppelte Längsnaht nur eine geringe Reduktion der Güte im Vergleich zur einzelnen Längsnaht bewirkt, obwohl sich die Schweißnahtlänge und damit die Anbindungsbreite verdoppeln. Ein Grund ist die Verschiebung der Äquipotentiallinien, siehe Bild 30. Die Verschiebung der Potentiale bewirkt einen Messfehler bei der Doppellängsnaht, die Messwerte sind gemäß Anhang 11.5 korrigiert.

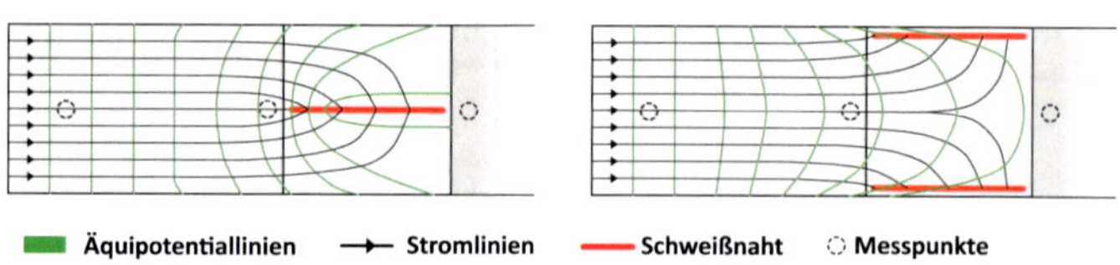

Bild 30: Verschiebung der Strom- und Äquipotentiallinien bei Längsnähten

[HOL20a]

Die Erhöhung der Verbindungsbreite und Schweißnahtlänge durch die Verwendung einer Sägezahnförmigen Naht bewirkt eine Reduktion der Kontaktgüte im Vergleich zu der einzelnen Quernaht. Die geringste Kontaktgüte besitzt die quer ausgerichtete Doppelnaht, die somit die zu bevorzugende Anordnung ist. Der Einfluss der Parallelschaltung der Materialien auf die Kontaktgüte ist groß und sollte deshalb, wenn möglich, genutzt werden.

4.4.2 Analyse artungleicher Verbindungen

Bei artungleichen Aluminium-Kupfer-Verbindungen besitzen zwei weitere Effekte einen Einfluss auf die Kontaktgüte:

- Unterschiedliche elektrische Leitfähigkeit der Materialien
- Intermetallische Phasen

Der Unterschied in der elektrischen Leitfähigkeit führt nach Kapitel 4.3 zu einer unterschiedlichen Strombelastung. Folglich werden in diesem Kapitel asymmetrische Schweißnahtanordnungen untersucht. Dafür wird eine pfeilförmige Schweißnaht verwendet, die eine breitere Anbindung als eine einzelne zentrale Schweißnaht bietet und durch die auseinanderführende Anbindung auf der höher belasteten Aluminiumseite die Stromdichte senken soll. Außerdem wird eine Doppelnaht untersucht, welche auf dem kupferseitigen Übergang eine kürzere Schweißnaht besitzt. Da auch hier die Schweißnaht nicht die gesamte Breite des Materials abdeckt, sind die Messwerte analog zu Anhang 11.5 korrigiert. Die Ergebnisse sind in Tab. 11 aufgeführt.

Tab. 11: Kontaktgüten asymmetrischer Schweißanordnungen bei Aluminium-Kupfer-Verbindungen

[HOL20a]

	Symmetrisch	Asymmetrisch
Einzel	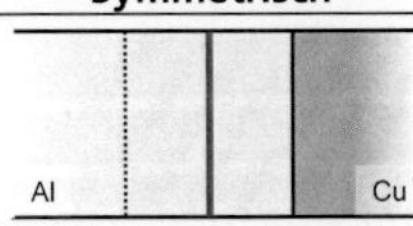	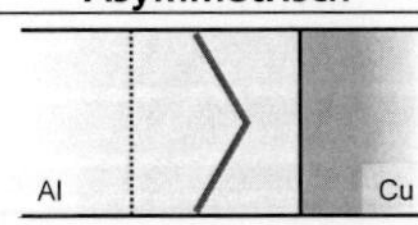
Güte	1,0051	0,9414
Doppel	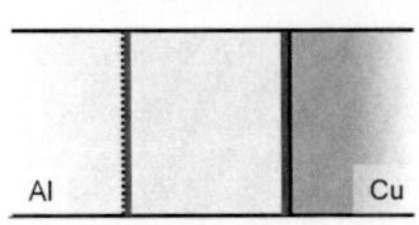	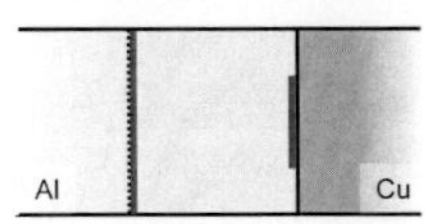
Güte	0,5321	0,5550

Die pfeilförmige Verbindung erzeugt damit einen niedrigeren Wert für die Kontaktgüte. Aufgrund der erhöhten Schweißnahtlänge entspricht dies jedoch auch den Erwartungen. Die auf 10 mm Länge reduzierte asymmetrische Doppelnaht besitzt hingegen eine höhere Kontaktgüte als die symmetrische Doppelnaht. Der Unterschied spiegelt jedoch nicht die Halbierung der zweiten Schweißnaht wider. Aufgrund der Stromaufteilung bei Aluminium-Kupfer-Verbindungen ist zu vermuten, dass die weiter auf dem Aluminium liegende Schweißnaht den entsprechend größeren Einfluss auf die Verbindungsqualität besitzt.

Neben der Schweißnahtgeometrie kann bei Aluminium-Kupfer-Verbindungen auch die Einschweißtiefe einen Einfluss auf den Übergangswiderstand besitzen. Das Auftreten der intermetallischen Phasen ist von der Durchmischung der Materialien abhängig. Die nachfolgende Untersuchung basiert auf der Annahme, dass eine höhere Einschweißtiefe zu einer erhöhten Durchmischung und entsprechend zu einer erhöhten Bildung von intermetallischen Phasen führt. Als Haupteinflussgröße auf die Einschweißtiefe wird die Laserleistung variiert. Ab ca. 290 W besteht eine dauerhafte Verbindung zwischen den beiden Materialien, während bei der höchsten Leistung das untenliegende Kupfer nahezu durchgeschweißt wird. Der Übergangswiderstand ist in Bild 31 über der variierten Leistung aufgetragen.

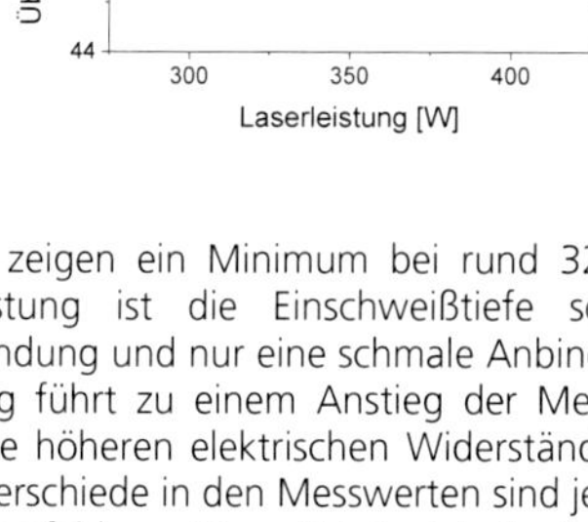

Bild 31: Übergangswiderstände bei variierter Laserleistung bei Aluminium-Kupfer-Verbindungen

v_f = 100 mm/s
A_s = 0,2 mm
f_s = 1000 Hz

[HOL20a]

Die Messergebnisse zeigen ein Minimum bei rund 320 W Laserleistung. Bei reduzierter Laserleistung ist die Einschweißtiefe so gering, dass keine durchgehende Verbindung und nur eine schmale Anbindung erzeugt wird. Eine erhöhte Laserleistung führt zu einem Anstieg der Messwerte. Eine mögliche Erklärung können die höheren elektrischen Widerstände der intermetallischen Phasen sein. Die Unterschiede in den Messwerten sind jedoch gering und liegen im Bereich des Messfehlers. Eine Abhängigkeit der Messwerte von der Durchmischung ist jedoch möglich.

Insgesamt lassen sich die elektrischen Widerstände simulativ abbilden. Die Berechnungen werden experimentell bestätigt. Hinsichtlich der Schweißnahtgeometrie ist bei Überlappverbindungen die Doppelnaht mit möglichst großem Abstand zu bevorzugen. Ein steigender Übergangswiderstand bei Schweißungen mit höherer Leistung deutet eine Abhängigkeit von der Einschweißtiefe an.

5 Laserstrahl-Mikroschweißen von Aluminium-Kupfer-Verbindungen[2]

Neben den elektrischen Eigenschaften, bei denen nach Kapitel 4 insbesondere die Schweißnahtpositionierung relevant ist, werden die prozessseitigen Einflüsse analysiert. Hierbei werden neben den elektrischen Eigenschaften auch die mechanische Festigkeit und die Durchmischung betrachtet. Dafür wird der Einfluss der Prozessparameter sowie einer örtlichen Leistungsmodulation im Stumpf- und Überlappstoß analysiert (Kapitel 5.1 und 5.2). Mit Hilfe von Untersuchungen mit Synchrotronstrahlung wird in Kapitel 5.3 zusätzlich die Durchmischung und Porenentstehung bei Aluminium-Kupfer-Verbindungen analysiert. Kapitel 5.4 behandelt einen funktionsorientierten Ansatz zur Bewertung der Schweißverbindungen. Dafür werden die Verbindungen mechanisch, thermisch und elektrisch belastet und analysiert.

5.1 Untersuchungen im Stumpfstoß

Der Stumpfstoß besitzt im Vergleich zum Überlappstoß einen Vorteil hinsichtlich des Platzbedarfes und Gewichts, da keine Doppellagen bestehen. Nachteilig sind der höhere Aufwand für die Spanntechnik und höhere Anforderungen an eine präzise Schweißnahtpositionierung. Der Stumpfstoß führt bei artungleichen Verbindungen zu einer Asymmetrie der Schweißnaht. Unterschiedliche Materialeigenschaften wie Schmelzpunkt, Wärmeleitfähigkeit und Absorption haben einen direkten Einfluss auf die Schweißnahtausprägung. Resultat ist eine ungleichmäßige, asymmetrische Einschweißtiefe, wie in Bild 32 links erkennbar.

[2] Die Kapitel 5.1 und 5.2 enthalten Ergebnisse der Masterarbeit von Nabirul Islam: *Influence of Spatial Power Modulation in Laser Micro Welding of Aluminum and Copper*. Angefertigt am 07.10.2019. Betreuende Professoren: Prof. Dr.-rer. nat. Evgeny Gurevich – Ruhr-Universität Bochum, Prof. Dr. rer. nat. Reinhart Poprawe; wissenschaftlicher Betreuer: Sören Hollatz M.Sc. – RWTH Aachen University

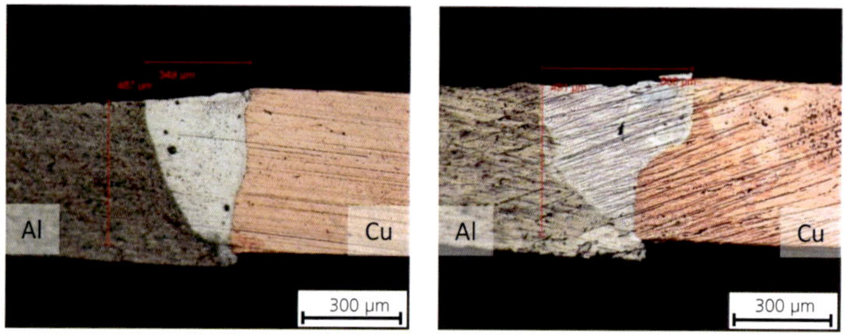

Bild 32:
Vergleich der Nahtausprägung bei Aluminium-Kupfer-Verbindungen im Stumpfstoß

P_L = 200 W
v_f = 20 mm/s
f_s = 1000 Hz
Links:
A_s = 0 mm
Rechts:
A_s = 0,3 mm

[HEI20, S. 137]

Der typische V-förmige Schweißnahtquerschnitt besitzt unterschiedlich steile Flanken sowie einen Absatz auf der Kupferseite. Dieser Effekt wird durch die örtliche Leistungsmodulation verstärkt, siehe Bild 32 rechts. Gründe dafür sind zum einen die Verbreiterung der Naht, wodurch die Unterschiede der Materialeigenschaften in den Vordergrund treten. Die Asymmetrie der kreisförmigen Oszillation, vgl. Kapitel 2.3, führt zu einer asymmetrischen Energieeinbringung und kann den Effekt, je nach Oszillationsrichtung, verstärken. Der Vorteil der Leistungsmodulation beim Schweißen im Stumpfstoß besteht in der erhöhten Schweißnahtbreite. Dadurch wird die Positionierung der Schweißnaht auf dem Spalt vereinfacht. Parametriert wird die kreisförmige örtliche Leistungsmodulation durch die Oszillationsamplitude A_s und die Frequenz f_s. [HEI20, S. 137, 138]

Ziel der Untersuchungen in diesem Kapitel ist die Nutzung einer quer zur Vorschubrichtung asymmetrischen Energieeinbringung, um die anordnungsbedingte Asymmetrie im artungleichen Stumpfstoß zu kompensieren. Betrachtet wird dabei die Asymmetrie der Bahngeschwindigkeit bei der kreisförmigen örtlichen Leistungsmodulation. Ein weiterer Ansatz untersucht die Schweißnahtqualität unter Verwendung von zwei Laserstrahlen. Hierbei kann die Energieeinbringung in den einzelnen Materialien über die Laserleistung der Laser einzeln gesteuert werden.

5.1.1 Ausgleich der Materialeigenschaften mit Asymmetrie der kreisförmigen Oszillation

Die Asymmetrie der kreisförmigen örtlichen Leistungsmodulation kann in Form der Bahngeschwindigkeit nach Bild 8 beschrieben werden. Einfluss auf Geschwindigkeitsniveau und maximale Differenz der Bahngeschwindigkeiten besitzen folgende Größen:

- Vorschub v_f: ein steigender Vorschub führt zu einer größeren Differenz zwischen der schnellen und der langsamen Seite. Die maximale Differenz der Bahngeschwindigkeit beträgt das Zweifache der Vorschubgeschwindigkeit.

- Amplitude A_s: Die Erhöhung der Amplitude bei konstanter Frequenz führt zu einer Steigerung des Geschwindigkeitsniveaus, da der Laserstrahl in gleicher Zeit über eine längere Strecke bewegt werden muss.

- Frequenz f_s: Die Erhöhung der Oszillationsfrequenz bei konstanter Amplitude führt ebenfalls zu einer Steigerung des Geschwindigkeitsniveaus. In diesem Fall muss der Laserstrahl über eine konstante Kreisstrecke in kürzerer Zeit bewegt werden.

Bei der Anwendung besteht entsprechend eine „schnelle" und eine „langsame" Seite. Energetisch betrachtet wird dem Prozess auf der langsamen Seite mehr Energie zur Verfügung gestellt. Im Folgenden wird der Einfluss dieser Asymmetrie bei der Anwendung auf Aluminium-Kupfer-Stumpfstöße untersucht. Dafür werden zwei Richtungen definiert. Bei der Oszillation im Uhrzeigersinn ist die Richtung des Vorschubs und der Oszillation auf Seiten des Aluminiums gleich. Entsprechend addieren sich die beiden Geschwindigkeiten und bilden die „schnelle" Seite. Auf der „langsamen" Seite im Kupfer steht dem Prozess entsprechend mehr Energie zur Verfügung. Bei der Oszillation gegen den Uhrzeigersinn ist die Oszillationsrichtung demzufolge umgekehrt.

Die Auswertung der Nahtform in Querschliffen zeigt bei ansonsten konstanten Parametern nur kleine Auswirkungen. In Bild 33 sind zwei Querschliffe sowie die dazugehörigen Messwerte für die Einschweißtiefe e im Aluminium und Kupfer sowie die Nahtbreite b_s an der Werkstückoberseite abgebildet.

Bild 33:
Vergleich der Schweißnahtgeometrie im Querschnitt bei unterschiedlicher Oszillationsrichtung und Amplitude
A_s = 0,15 mm

P_L = 200 W
v_f = 40 mm/s
f_s = 1000 Hz
A_s = 0,15 mm

e: Einschweißtiefe [µm]
b_s: Nahtbreite[µm]

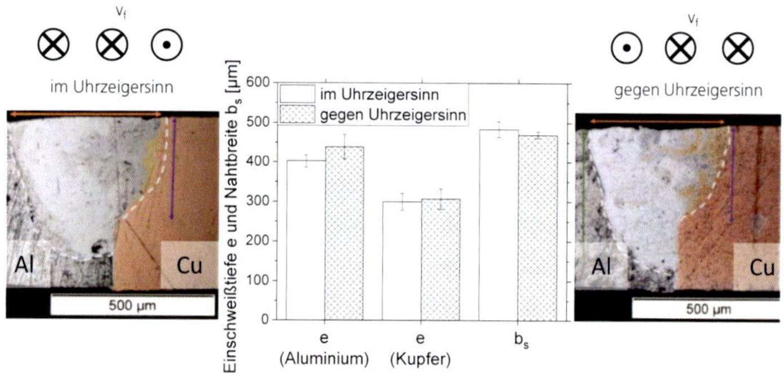

Während eine Richtungsänderung auf die Einschweißtiefe im Aluminium einen messbaren Einfluss besitzt, ändert sich die Einschweißtiefe auf der Kupferseite nur geringfügig. Die niedrige Bahngeschwindigkeit auf der Aluminiumseite führt zu einer erhöhten Einschweißtiefe im Aluminium. Dadurch wird die Energie tiefer im Bauteil absorbiert und führt zu einer Erwärmung der Kupferseite in größeren Tiefen durch Wärmeleitung. Dadurch wird ein schmale, aber tiefere Einschweißung im Kupfer ermöglicht. Bei der geringeren Bahngeschwindigkeit auf Seiten des Kupfers wird hingegen eine reduzierte Einschweißtiefe auf der Kupferseite, aber eine erhöhte Schweißnahtbreite gemessen. Zu vermuten ist hier ein Einfluss der hohen Wärmeleitfähigkeit des Kupfers. Die zusätzliche Energie geht in der Tiefe durch die Wärmeleitung verloren, da die Umgebungsluft an der Oberseite als Wärmebarriere dient, wird die Schweißnaht breiter.

Bei Erhöhung der Amplitude kann die Erhöhung der Schweißnahtbreite beim Schweißen im Uhrzeigersinn nicht beobachtet werden. Nach Bild 34 sind die Einschweißtiefe in beiden Materialien sowie die Schweißnahtbreite b_s an der Oberfläche beim Schweißen gegen den Uhrzeigersinn größer. Durch die Verteilung der Energie auf eine größere Breite wird die Energie mit größerem Abstand von der Stoßkante eingebracht. Die Wärmeleitung führt zu größeren Energieverlusten.

Bild 34:
Vergleich der Schweißnahtgeometrie im Querschnitt bei unterschiedlicher Oszillationsrichtung und Amplitude
A_s = 0,2 mm

P_L = 210 W
v_f = 40 mm/s
f_s = 1000 Hz
A_s = 0,2 mm

e: Einschweißtiefe [µm]
b_s: Nahtbreite[µm]

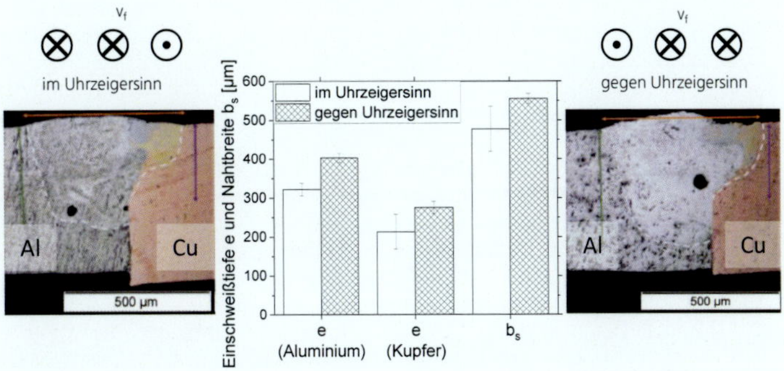

Um die Durchmischung der Materialien im Querschliff zu analysieren, kann die chemische Zusammensetzung im Rasterelektronenmikroskop mit einer EDX-Analyse bestimmt werden. Die Zusammensetzung entspricht den Helligkeitsunterschieden in Bild 35. Die höhere Dichte des Kupfers führt zu einer helleren Erscheinung im Bild. Die chemische Zusammensetzung kann grob über die Abstufung der Grautöne bis hin zum dunkel erscheinenden Aluminium abgeschätzt werden. Die markierten hellen Bereiche besitzen einen Kupferanteil von mindestens 70 Gewichtsprozent Nach Kapitel 2.4 können hier η_2-, ξ_2- und γ_1-Phasen entstehen, welche im Vergleich zu beiden Grundmaterialien eine deutlich erhöhte Härte und elektrischen Widerstand besitzen.

Bild 35:
REM-Aufnahme der Querschliffe mit unterschiedlicher Oszillationsrichtung

Links: Oszillation im Uhrzeigersinn
Rechts: Oszillation gegen den Uhrzeigersinn
P_L = 210 W
v_f = 40 mm/s
f_s = 1000 Hz
A_s = 0,15 mm

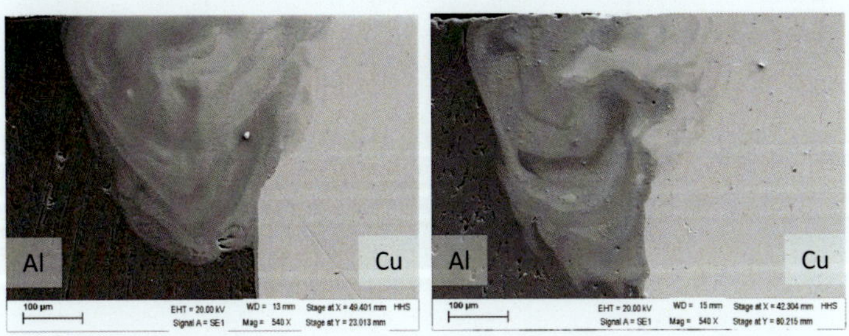

Auffallend ist das verstärkte Auftreten von Aluminium in der Kupferschmelze beim Oszillieren im Uhrzeigersinn (Bild 35, links). In der rechten Darstellung ist ein deutlich hellerer Bereich nahe der Kupferschmelzgrenze zu erkennen.

Insgesamt kann im untersuchten Parameterraum kein signifikanter Einfluss der Oszillationsrichtung auf die Kupferseite im Stumpfstoß identifiziert werden. Bei der Aluminiumseite ist eine erhöhte Einschweißtiefe messbar, sobald die gegenläufige Richtung von Oszillation und Vorschub auf Seiten des Aluminiums liegt.

5.1.2 Steuerung der Energieeinbringung durch einen Zwei-Strahl-Aufbau[3]

Die präzise Einstellung der Durchmischung ist beim Schweißen von Aluminium und Kupfer essenziell. Während die Anordnung und die Einschweißtiefe im Überlappstoß maßgeblich die Durchmischung beeinflussen, gestaltet sich dies im Stumpfstoß schwieriger. In [BAN18, S. 82- 92] wird eine Verbesserung der mechanischen Eigenschaften bei statischer Belastung erreicht, indem der Laserstrahl auf der Seite des Aluminiums positioniert wird. Der Aluminiumanteil in der Schmelze steigt dadurch an, was einen positiven Einfluss auf die Phasenbildung besitzt. In diesem Kapitel wird ein Verfahrensansatz zur örtlich gesteuerten Energieeinbringung untersucht. Dafür wird ein Aufbau mit zwei Laserstrahlen verwendet. Dadurch kann in beiden Materialien eine separate Dampfkapillare erzeugt werden, deren Schmelzbadränder sich überlagern und minimal vermischen. Die Idee dieses Ansatzes ist in Bild 36 schematisch dargestellt.

Bild 36:
Schematische Darstellung des Zwei-Strahl-Ansatzes

Links: konventionell
Mitte: getrennte Schmelzbäder
Rechts: gemeinsames Schmelzbad

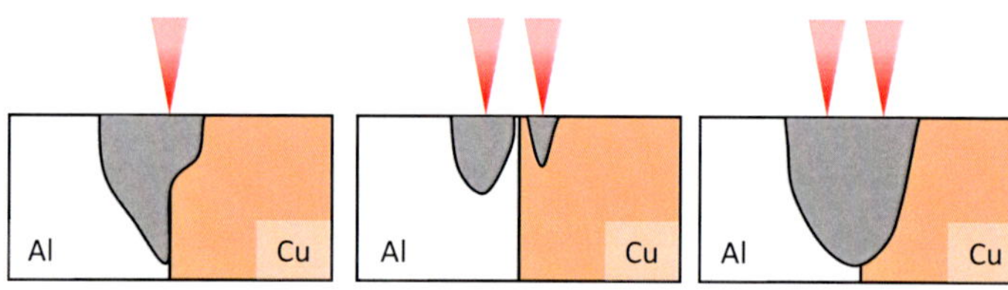

Für die erste Untersuchung des Konzepts wird ein Aufbau mit linear bewegter Probe genutzt. Ein Laserstrahl wird hinter einem Scannersystem und der Fokussieroptik über einen Umlenkspiegel senkrecht auf die Probenoberfläche gelenkt. Der zweite Strahl wird über eine Festoptik unter einem Winkel von ca. 10° auf die Probenoberfläche fokussiert, siehe Bild 37. Als Strahlquellen kommen zwei Faserlaser zum Einsatz.

[3] Dieses Kapitel enthält Ergebnisse der Diplomarbeit von Felix Sebastian Keindorff: *Zwei-Strahl-Laserschweißprozess für Al/Cu-Hybridverbindungen*. Angefertigt am 25.11.2019. Betreuender Professor: Prof. Dr.-Ing. Peter Hübner – Hochschule Mittweida; wissenschaftlicher Betreuer (Zweitprüfer): Sören Hollatz M.Sc. – RWTH Aachen University

Bild 37:
Schematische Darstellung des Zwei-Strahl-Versuchsaufbaus

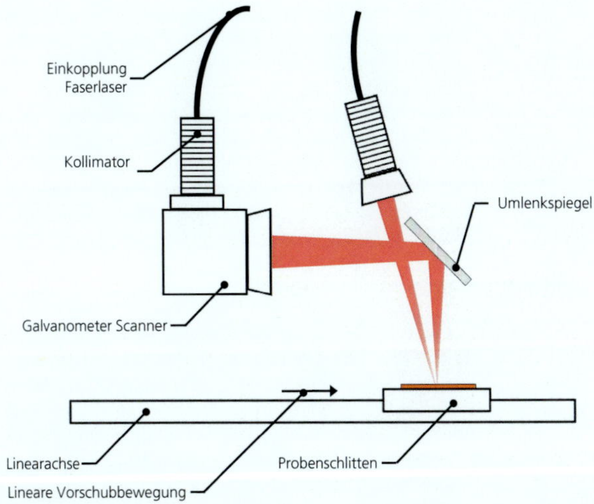

Experimentelle Untersuchungen ergeben eine starke Abhängigkeit der Ergebnisse vom Abstand der Laserstrahlen zur Fügekante. So führt ein zu großer Abstand zu keiner Anbindung und ein geringer Abstand zu einer Überhitzung des Schmelzbades. Die Überhitzung führt zu Spritzern, Rissen und einer starken Durchmischung der Materialien. Vielversprechende Ergebnisse können mit einem Abstand von je 250 µm erreicht werden. Zwei beispielhafte Querschliffe sind in Bild 38 dargestellt.

Bild 38:
Vergleich von Querschliffen mit zwei Laserstrahlen

Oszillation kupferseitig:
$A_{s,Cu}$ = 0,1 mm
f_s = 1000 Hz

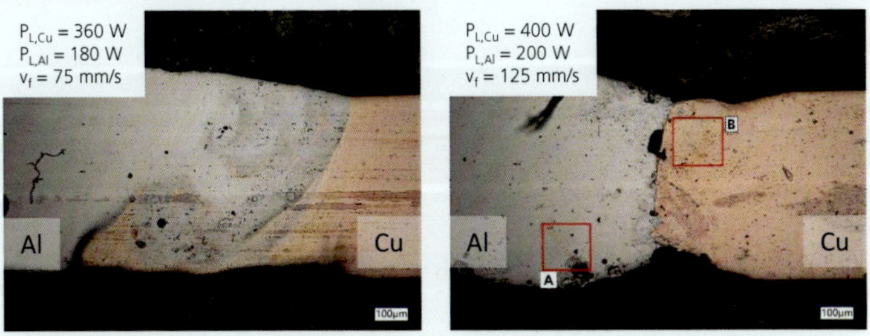

Im linken Querschnitt ist eine starke Durchmischung der Materialien sichtbar. Auffallend ist dabei, dass insbesondere das Aluminium in das Kupfer geströmt ist. Im Aluminium-Grundmaterial ist keine Verfärbung durch Kupfereinbringung zu erkennen. Im rechten Querschliff ist eine kontrastreiche Trennung der Materialien erkennbar. Die Durchmischung ist sehr gering. Im Rahmen dieser Arbeit kann bei diesem Ansatz nur eine grundlegende Machbarkeit nachgewiesen werden. Die Reproduzierbarkeit ist aufgrund der starken Abhängigkeit vom Abstand zur Fügekante erschwert. Die Nutzung eines optischen Aufbaus, bei dem die Laserstrahlen bereits vor der Fokussieroptik positioniert werden können, kann dabei vorteilhaft sein. Die Untersuchung dieses Ansatzes in einer tiefergehenden Studie kann Inhalt zukünftiger Forschung sein. Ziel sollten dabei gering durchmischte Schweißnähte, wie in Bild 38 rechts dargestellt, mit hoher Reproduzierbarkeit sein.

5.2 Untersuchungen im Überlappstoß

Der große Toleranzbereich beim Positionieren von Proben und Laserstrahl macht den Überlappstoß auch bei Aluminium-Kupfer-Verbindungen zu einer gängigen Anordnung. Die unterschiedlichen Materialeigenschaften machen sich nicht wie beim Stumpfstoß in vertikaler Richtung bemerkbar, sondern horizontal. Geringere Wärmeleitfähigkeit und niedrigerer Schmelzpunkt führen zu einem deutlich größeren Schmelzbad im Aluminium als im Kupfer. Die Anordnung ist entscheidend für die Durchmischung der Materialien und damit für Größe und Auftreten von Gebieten mit intermetallischen Phasen [HEI20, S. 144, 145]. Ein typisches Erscheinungsbild der Schweißnähte im Querschliff beim Schweißen mit Single-Mode-Faserlasern ($d_f = 24\ \mu m$) ist in Bild 39 dargestellt. Auffallend ist der charakteristische Sprung in der Anbindungsbreite im Übergang der beiden Materialien. Zusätzlich ist die goldene Färbung in der Schweißnaht mit obenliegendem Kupfer erkennbar. Der Farbunterschied im Vergleich zum Grundmaterial impliziert ein Eindringen des Aluminiums bis an die Schmelzbadoberfläche. Weiterhin ist eine Pore erkennbar, die an der Kante zum Kupfer erstarrt ist. Die Schmelzbadform mit dem schmalen Kupferschmelzbad erschwert das Aufsteigen von Poren an die Materialoberfläche [HEI20, S. 142, 143].

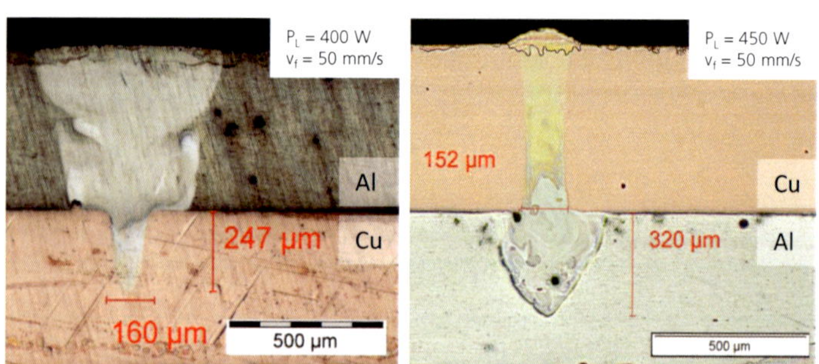

Bild 39: Querschliffe von Aluminium und Kupfer im Überlappstoß

Links: Aluminium auf Kupfer
Rechts: Kupfer auf Aluminium

[HOL20b]

Die Einschweißtiefe ist beim Schweißen ohne örtliche Leistungsmodulation abhängig von der Laserleistung und dem Vorschub, siehe Bild 40. Wie zu erwarten, führen höhere Laserleistungen und reduzierte Geschwindigkeiten zu höheren Einschweißtiefen. Die Steigung der Kurven unterscheidet sich jedoch abhängig von der Materialanordnung. So führt die gleiche Änderung des Vorschubs zu einer größeren Änderung der Einschweißtiefe bei obenliegendem Kupfer. Zusätzlich wird für das Erreichen derselben Tiefe bei Kupfer als oberen Fügepartner eine größere Laserleistung benötigt. [HOL20b]

Bild 40:
Vergleich der Einschweißtiefe bei unterschiedlicher Anordnung

Links: Aluminium auf Kupfer
Rechts: Kupfer auf Aluminium

Einzelmessungen

[HOL20b]

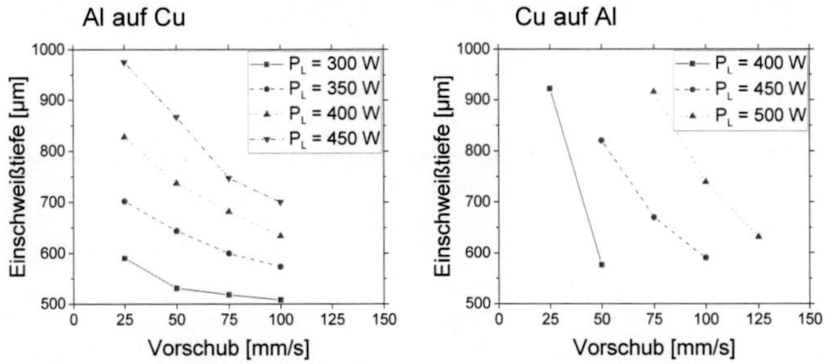

In den folgenden Kapiteln werden der Einfluss einer örtlichen Leistungsmodulation auf die Nahtform, die Durchmischung und die mechanischen Eigenschaften untersucht. Dabei werden neben einer kreisförmigen Oszillation auch andere Oszillationsgeometrien untersucht.

5.2.1 Analyse der Nahtausformung mit kreisförmiger örtlicher Leistungsmodulation

Der Einsatz der örtlichen Leistungsmodulation erhöht die Anzahl an Parametern für die Nahtgestaltung um die Frequenz und Amplitude der kreisförmigen Strahloszillation. Beginnend mit dem Einfluss der Laserleistung wird der Einfluss auf die Nahtform betrachtet. Dafür werden zunächst eine Amplitude von $A_s = 0{,}1$ mm und eine Frequenz von $f_s = 1000$ Hz verwendet.

Die Erhöhung der Laserleistung führt wie bei konventionellen Schweißungen zu einer Steigerung der Einschweißtiefe und zusätzlich der Anbindungsbreite, siehe Bild 41. Im Diagramm ist die Anbindungsbreite über der Einschweißtiefe aufgetragen. Die Materialdicke beträgt erneut jeweils 0,5 mm. Die verwendete Laserleistung ist an den Messpunkten angegeben. Auffallend ist der große Einfluss der Laserleistung bei obenliegendem Kupfer. Bereits eine Änderung von 30 W bewirkt eine deutliche Erhöhung der Einschweißtiefe. Begründet wird dieser Effekt durch die unterschiedlichen Materialeigenschaften. Für das Aufschmelzen des Kupfermaterials wird das Kupfer auf mindestens 1083°C erhitzt. Das darunterliegende Aluminium besitzt niedrigeren Schmelzpunkt und wird bereits bei 660°C flüssig. Sobald die Kupferschicht durchdrungen ist, wird die zusätzliche Laserleistung verstärkt am Dampfkapillargrund im Aluminium absorbiert und fördert den steilen Anstieg der Einschweißtiefe. [HOL20b]

Bild 41:
Vergleich der Anbindungsbreite und Einschweißtiefe von Überlappverbindungen mit unterschiedlicher Leistung

Einzelmessungen

nach [HOL20b]

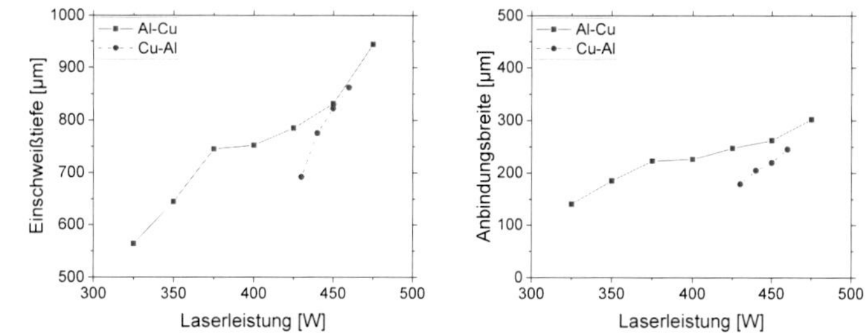

Der kleinere Parameterbereich beim obenliegenden Kupfer ist auch bei der Variation des Vorschubs sichtbar. Einen größeren Einfluss auf die Nahtform besitzen Amplitude und Frequenz. Wie zu erwarten, steigt mit größerer Amplitude die Nahtbreite. Ebenfalls sichtbar wird eine Transformation der Nahtform zu einem rechteckigen Querschnitt, siehe Bild 42 und Bild 43. Der Variation der Amplitude sind durch die Leistungsfähigkeit der Scansysteme Grenzen gesetzt. Eine Änderung der Amplitude von $A_s = 0{,}1$ mm zu $A_s = 0{,}5$ mm bewirkt eine Steigerung der Bahngeschwindigkeit von 600 mm/s auf 3000 mm/s. Diese hohen Bahngeschwindigkeiten sind eine Herausforderung für die Scansysteme. Die Steigerung der Schweißnahtbreite in Bild 42 entspricht aus diesem Grund nicht der Vergrößerung der Amplitude. Dennoch ist eine deutliche Änderung der Nahtform in dieser Anordnung sichtbar. Die Anbindungsbreite steigt mit dieser Amplitude auf über 500 µm. Auffallend ist auch die Änderung der Farben der Schweißnaht im Querschliff. Die erhöhte Amplitude und die damit geringere Einschweißtiefe reduzieren den Kupferanteil in der Schmelze. Die Schweißnaht mit der größten Amplitude besitzt weniger sowie kleinere Bereiche mit goldener, kupferhaltiger Färbung. Die Wahrscheinlichkeit zum Auftreten von intermetallischen Phasen wird dadurch reduziert [HOL20b]

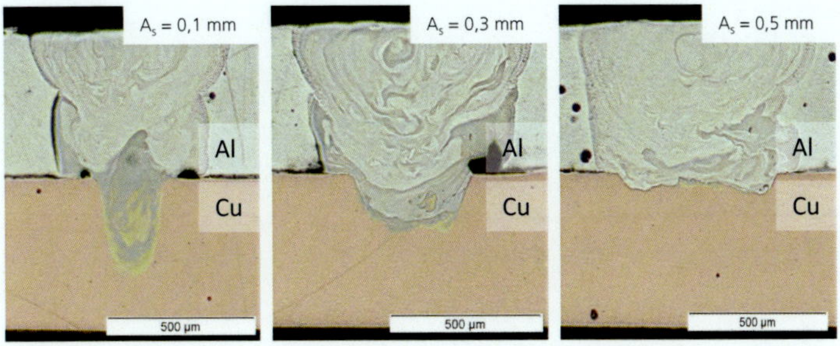

Bild 42: Metallographische Querschliffe von Aluminium-Kupfer-Verbindungen mit unterschiedlicher Amplitude

P_L = 450 W
v_f = 50 mm/s
f_s = 1000 Hz

[HOL20b]

Gleiches gilt für die Anordnung mit obenliegendem Kupfer. Hierbei muss mit der Steigerung der Amplitude auch eine Steigerung der Laserleistung einhergehen, da sonst keine Anbindungen erreicht werden. Der Einfluss der Amplitude ist in den Querschliffen bei dieser Anordnung in Bild 43 insbesondere in einer erhöhten Breite der kupferseitigen Schweißnaht auszumachen.

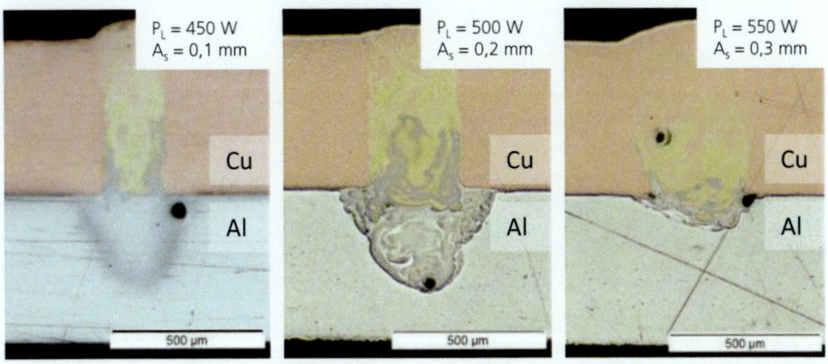

Bild 43: Metallographische Querschliffe von Cu-Al-Verbindungen mit unterschiedlicher Amplitude

v_f = 50 mm/s
f_s = 1000 Hz

[HOL20b]

Die Änderung der Oszillationsfrequenz bewirkt eine Änderung der Bahngeschwindigkeit und des Überlappgrads der örtlichen Leistungsmodulation. Nach Bild 44 wird die Schweißnaht bei niedrigen Frequenzen breiter, bei höheren Frequenzen schmaler, aber tiefer. Hier spielen zwei Effekte eine Rolle. Zum einen führt eine geringere Frequenz zu einem größeren zeitlichen Abstand zwischen zwei Kreisen und somit besteht mehr Zeit für Energieverluste durch Wärmeleitung. Zum anderen haben Scansysteme aufgrund begrenzter Dynamik Schwierigkeiten, die Amplituden bei hohen Frequenzen zu erzeugen. [HOL20b] Der für diese Versuche verwendete Scanlab intelliSCAN 25 zeigt verminderte Amplituden bei hohen Frequenzen [HEI20, S. 68-73].

Bild 44:
Metallographische Querschliffe von Aluminium-Kupfer- und Kupfer-Aluminium-Verbindungen mit unterschiedlicher Frequenz

v_f = 50 mm/s
A_s = 0,1 mm

[HOL20b]

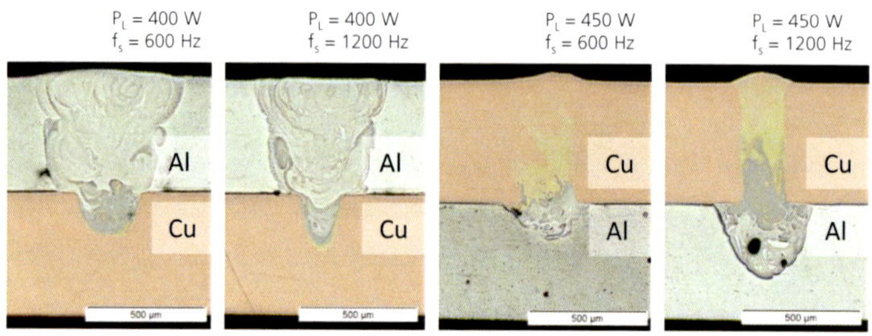

Als Ergebnis der Einflussanalyse auf die Nahtform, kann für jede Anordnung ein Parametersatz ausgewählt und verglichen werden. Während Vorschub (v_f = 50 mm/s), Amplitude (a_s = 0,1 mm) und Frequenz (f_s = 1000 Hz) für beide Anordnungen konstant sind, wird für die Anordnung mit obenliegendem Kupfer 50 W mehr Laserleistung (P_L = 450 W) verwendet. Das Ergebnis sind Schweißnähte mit einer vergleichbaren Einschweißtiefe und Anbindungsbreite, siehe Bild 45. Aufgetragen sind Mittelwerte aus je fünf Schweißungen. Die Anbindungsbreite im Materialübergang mit obenliegendem Aluminium beträgt im Mittel 227 µm mit einer Standardabweichung σ = 7 µm, mit obenliegendem Kupfer 217 µm (σ = 8 µm). Bei der Einschweißtiefe sind die Schweißungen mit obenliegendem Kupfer mit 793 µm (σ = 36 µm) etwas tiefer und besitzen eine größere Streuung. [HOL20b]

Bild 45:
Vergleich der Anbindungsbreite und Einschweißtiefe (links) sowie der Schmelzbadfläche (rechts) bei Al-Cu- und Cu-Al-Anordnung

[HOL20b]

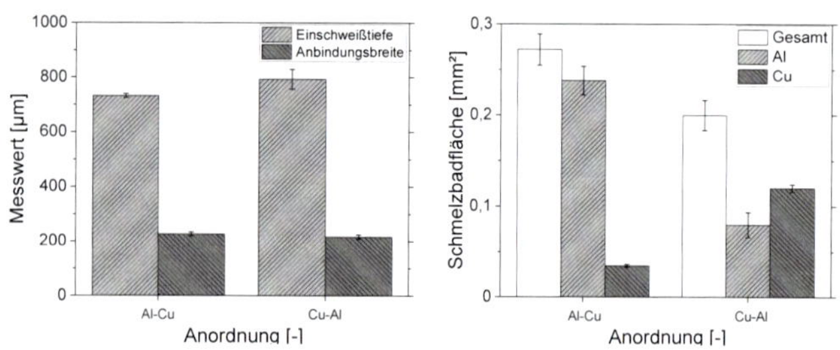

Aus den Querschliffen wird zusätzlich die Schmelzbadgröße entnommen. In der ersten Anordnung mit obenliegendem Aluminium besteht die Schmelze aus rund 80% Aluminium, während bei der umgekehrten Anordnung 40% Aluminium enthalten sind. Da die intermetallischen Phasen abhängig von der Zusammensetzung auftreten (vgl. Kapitel 2.4), besitzt das Verhältnis der Schmelzbadflächen im Querschnitt einen Einfluss auf die Bildung der intermetallischen Phasen. Mittels energiedispersiver Röntgenspektroskopie (EDX) kann die Durchmischung untersucht werden. In den Aufnahmen des Rasterelektronenmikroskops in Bild 46 sind die detektierten Phasen markiert. Während bei obenliegendem Aluminium die Zusammensetzung der ξ_2-Phase (~75 Massen-% Kupfer) unterhalb der Fügezone auftritt, liegen die möglichen θ- und γ_1-Phasen direkt in der Fügeebene. Aufgrund der mechanischen Belastung der Verbindung in der Fügeebene besteht bei intermetallischen Phasen in der Fügeebene ein erhöhtes Rissrisiko. [HOL20b] Nach Tab. 5 besitzen die ξ_2- und γ_1-Phase eine höhere Härte und höheren elektrischen Widerstand als die θ- Phase und sind somit als kritischer zu bewerten.

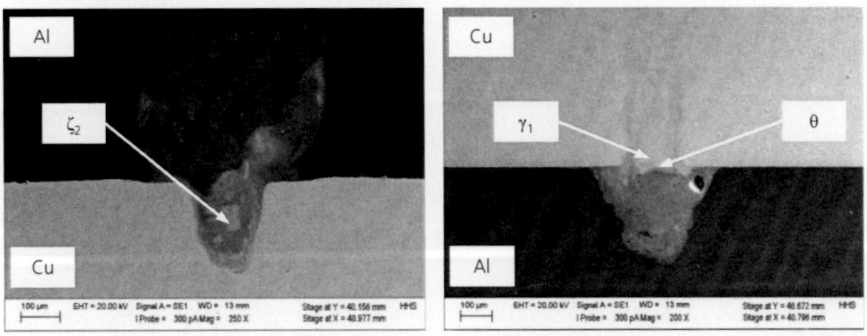

Bild 46: Metallographische Querschliffe im Rasterelektronenmikroskop

v_f = 50 mm/s
A_s = 0,1 mm
f_s = 1000 Hz

Links: P_L = 400 W
Rechts: P_L = 450 W

[HOL20b]

Bei der Analyse von metallographisch präparierten Längsschliffen sind in beiden Anordnungen Poren, Risse und unterschiedliche Färbungen zu erkennen, siehe Bild 47. Der höhere Aluminiumanteil in der Schmelze führt in der ersten Anordnung zu der Ausbildung von größeren Poren, die zumeist in der Fügeebene erstarren. Die Porenbildung beim Schweißen von Aluminium ist durch die Löslichkeit von Wasserstoff im flüssigen Aluminium bedingt. Da keine Löslichkeit im festen Zustand besteht, gast der Wasserstoff während der Abkühlung aus, kann bei hoher Abkühlgeschwindigkeit jedoch nicht bis an die Schmelzbadoberfläche gelangen und erstarrt als Pore, siehe Kapitel 5.3.2. Der Wasserstoff kann der Herstellung des Aluminiums, Einschlüssen in der Oxidschicht oder der Umgebungsluft entstammen. [SCH02, S. 46-48]

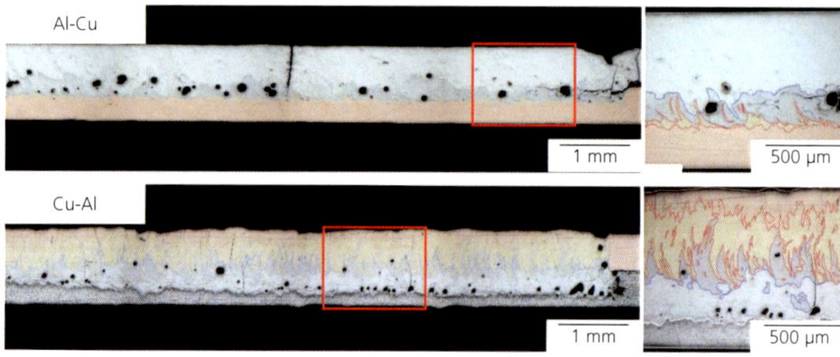

Bild 47:
Metallographische Längsschliffe von Al-Cu- und Cu-Al-Verbindungen

Oben: Al-Cu
Unten: Cu-Al

[HOL20b]

Die unterschiedliche Färbung deutet auf die Durchmischung hin. Auffallend ist der schmale Mischbereich mit obenliegendem Aluminium, während bei der zweiten Anordnung Aluminium bis weit in das Kupfer gemischt wird. Dies ist ein deutliches Indiz für eine erhöhte Schmelzdynamik bei der Anordnung mit Aluminium als dem unteren Fügepartner. Der höhere Kupferanteil in der Schmelze führt bei dieser Anordnung zu einer höheren Zugscherspannung, gemäß Tab. 12. Bei beiden Anordnungen liegt die Zugscherspannung oberhalb einer Aluminium-Aluminium-Verbindung, aber unterhalb einer reinen Kupferverbindung. Die höhere Festigkeit in der zweiten Anordnung ist auch auf ein erhöhtes Auftreten von intermetallischen Phasen zurückzuführen. Die hohe Härte der Phasen macht sich in der Festigkeit und der Dehnung bemerkbar. [HOL20b]

Tab. 12:
Mechanische Eigenschaften der Überlappverbindungen

[HOL20b]

Eigenschaft	**Al-Cu**	**Cu-Al**	**Al-Al**	**Cu-Cu**
Mittlere Bruchkraft F_{max} [N]	373	433	470	812
	σ = 36	σ = 28	σ = 22	σ = 3
Dehnung ε [%]	1,10	0,76	1,36	1,62
Mittlere Anbindungsbreite [µm]	227	217	465	310
	σ = 7	σ = 8	σ = 8	σ = 2
Schweißnahtlänge [mm]	10	10	10	10
Anbindungsfläche [mm²]	2,27	2,17	4,65	3,1
Zugscherspannung [N/mm²]	164	200	101	262

Zusammenfassend ist festzuhalten, dass die örtliche Leistungsmodulation einen starken Einfluss auf die Anbindungsbreite besitzt. Eine Amplitude von 0,1 mm führt zu einer Anbindungsbreite von 227 µm bei obenliegendem Aluminium. Bei einer Amplitude von 0,5 mm steigt die Anbindungsbreite auf über 500 µm bei gleicher Laserleistung und Vorschubgeschwindigkeit. Diese Steigerung geht allerdings mit einer Reduktion der Einschweißtiefe einher. Die angepasste Energieeinbringung beeinflusst zudem den Anteil der Materialien in der

Schmelze. Aufgrund der unterschiedlichen Materialeigenschaften besteht bei obenliegendem Aluminium 80% der Schmelze aus Aluminium, während Kupfer als oberer Fügepartner nur 60% der Schmelze in dieser Konfiguration ausmacht. Ein größeres Parameterfenster bietet die Anordnung mit Aluminium als oberem Fügepartner. In beiden Fügeanordnungen entstehen intermetallische Phasen, die einen Einfluss auf die Festigkeit der Proben besitzen. Im nächsten Kapitel werden Untersuchungen zu weiteren Oszillationsgeometrien dargestellt, um durch die Oszillation die aufwärtsgerichteten Strömungen zu reduzieren und eine starke Durchmischung der Materialien zu vermeiden.

5.2.2 Analyse alternativer Oszillationsgeometrien

Neben der kreisförmigen örtlichen Leistungsmodulation sind auch andere Oszillationsgeometrien möglich. Die einfachste Variante ist die Überlagerung des Vorschubs mit einer orthogonal dazu stehenden Pendelbewegung. Komplexere Geometrien sind die Ellipse, die entsprechend eine längere Achse in Vorschub- oder senkrecht zur Vorschubrichtung besitzen kann oder die Überlagerung mit einer achtförmigen Figur. Ein Vorteil einer stehenden Acht besteht in der Symmetrie der Bahngeschwindigkeiten. Die Oszillationsrichtung zeigt auf den Außenseiten der Acht in dieselbe Richtung. Die bei der kreisförmigen Oszillation auftretende Asymmetrie kann dadurch vermieden werden. Für gängige Scansysteme kann diese Geometrie nur als Lissajous-Figur implementiert werden. Dafür müssen sich die Frequenzen in x- und y-Richtung um den Faktor zwei unterscheiden. Je nach Verhältnis entsteht eine liegende oder stehend Acht. [SCH12, S. 31-35] Die frequenzbedingte Implementierung führt zu verhältnismäßig hohen Unterschieden in der Bahngeschwindigkeit. Ein von der Firma K-Lab Laser&Control (Südkorea) entwickeltes Scansystem besitzt die Möglichkeit, die achtförmige Oszillation mit einer konstanten Bahngeschwindigkeit abzufahren. Im Folgenden werden die Ergebnisse mit einer elliptischen Geometrie und einer liegenden Acht vorgestellt.

Für die Untersuchung mit der Ellipse werden Schweißungen ohne, mit kreisförmiger und mit elliptischer Oszillation durchgeführt. Im Folgenden gilt für die Amplitude der kreisförmigen Oszillation $A_{s,x} = A_{s,y} = 0{,}2$ mm, während bei der elliptischen Oszillation die Amplitude in Vorschubrichtung mit $A_{s,x} = 0{,}4$ mm den doppelten Wert annimmt. Die größere Bahnlänge der elliptischen Geometrie führt zu höheren Bahngeschwindigkeiten. Theoretisch werden Bahngeschwindigkeiten von bis zu 2600 mm/s (bei $f_s = 1000$ Hz und $v_f = 50$ mm/s) erreicht. Die Minima der Bahngeschwindigkeiten befinden sich an der Position y = 0, also auf der Mittellinie der Schweißnaht. Da an diesen Positionen die Umkehr der Oszillation in x-Richtung stattfindet, sinkt an diesen Positionen die Bahngeschwindigkeit auf das Niveau der kreisförmigen Oszillation im Bereich von 1200 mm/s. Mit zunehmendem Abstand in y-

Richtung von der Mittellinie steigen die Bahngeschwindigkeiten. Ein Vergleich des Schweißnahtquerschnitts ist in Bild 48 dargestellt.

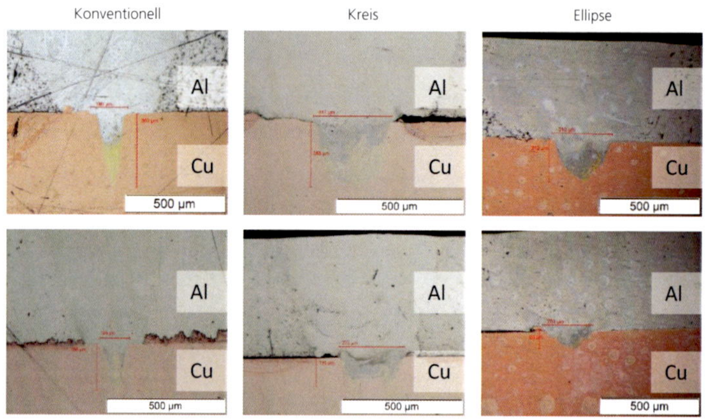

Bild 48: Metallographische Querschliffe mit unterschiedlicher Oszillationsgeometrie

P_L = 450 W
f_s = 1000 Hz

Oben: v_f = 50 mm/s
Unten:
v_f = 100 mm/s

Links: A_s = 0 mm
Mitte: A_s = 0,2 mm
Rechts:
$A_{s,x}$ = 0,4 mm
$A_{s,y}$ = 0,2 mm

Der Querschnitt der Schweißnaht im Kupfer wechselt von einer rechteckigen Form bei der kreisförmigen Oszillation zu einer V-förmigen Schweißnahtform im Kupfer bei elliptischer Oszillation. Die höheren Bahngeschwindigkeiten auf den Außenseiten der Oszillationsbewegung (in Vorschub- und entgegen der Vorschubrichtung) führen zu einer geringeren Einschweißtiefe auf den Außenseiten der Oszillation. Insgesamt nehmen die Einschweißtiefe und die Anbindungsbreite bei elliptischer Oszillation ab. Die Untersuchungen von Längsschliffen, siehe Bild 49, zeigt eine Veränderung in Hinblick auf Porenbildung und Durchmischung.

Bild 49: Metallographische Längsschliffe mit unterschiedlicher Oszillationsgeometrie

$P_L = 450$ W
$v_f = 50$ mm/s
$f_s = 1000$ Hz

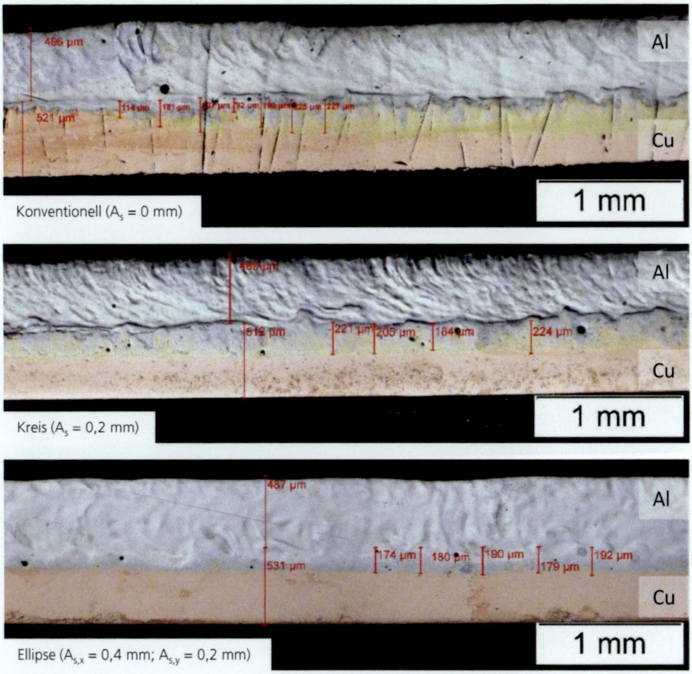

Die Bereiche mit gelb-goldener Färbung, also einer Mischphase mit hohem Kupferanteil, sind bei der elliptischen Oszillation deutlich reduziert. Ursache dafür können neben der geänderten Oszillationsgeometrie auch die reduzierte Einschweißtiefe sowie das reduzierte aufgeschmolzene Kupfervolumen sein. Die Einschweißtiefe entlang der Naht unterliegt geringeren Schwankungen.

Die Analyse der elektrischen und mechanischen Kontaktqualität lässt keine eindeutigen Schlüsse zu, siehe Bild 50. Zwar besitzt die elliptische Oszillation bei $v_f = 100$ mm/s die geringste gemittelte Kontaktgüte und damit den geringsten Übergangswiderstand in diesem Vergleich, jedoch liegen die Schwankungen im Bereich der Vergleichsversuche. Im Vergleich zur kreisförmigen Oszillation besitzt die Ellipse tendenziell geringere Kontaktgüten, was durch einen geringeren Kupferanteil in der Schmelze und einer entsprechend geringeren Durchmischung begründet werden kann. Die Breite der Anbindung spielt hierbei eine untergeordnete Rolle, entsprechend Kapitel 4.

Bild 50:
Kontaktgüte (links) und Zugkraft ohne, mit kreisförmiger und elliptischer Oszillation (rechts)

P_L = 450 W
f_s = 1000 Hz

Kreis: A_s = 0,2 mm
Ellipse: $A_{s,x}$ = 0,4 mm
$A_{s,y}$ = 0,2 mm

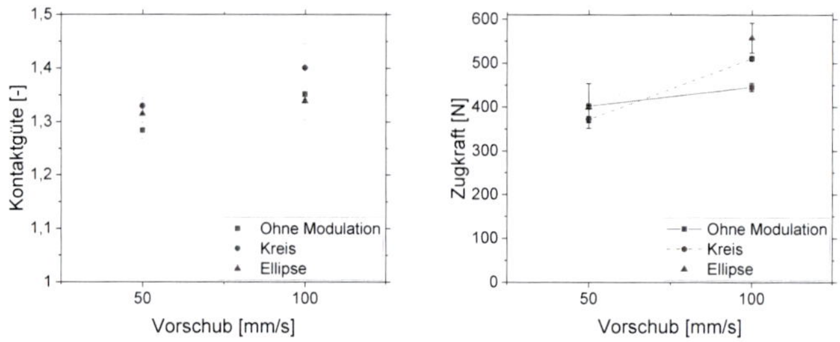

Insgesamt führt die elliptische Oszillationsbewegung in Längsrichtung zu einer Änderung der Schweißnahtgeometrie im Querschnitt. Die angedeutete reduzierte Durchmischung kann in den Messungen der elektrischen und mechanischen Eigenschaften nicht eindeutig herausgestellt werden.

Für weitere Untersuchungen bieten sich eine Ellipse in Querrichtung ($A_{s,y} > A_{s,x}$) und die bereits erwähnten achtförmigen Oszillationen an. Die achtförmige Geometrie kann beliebig gedreht und die Amplituden A_s und Bahngeschwindigkeit v_{Osz} der einzelnen Kreise separat eingestellt werden. Der Umgang mit der Vielzahl an Parametern und deren Kombination bildet die Grundlage weiterer Untersuchungen. In Bild 51 sind zum Vergleich ein Kreis, eine stehende und eine um 90° gedrehte, also liegende, Acht dargestellt.

Bild 51:
Vergleich metallographischer Querschliffe mit achtförmiger Oszillation

P_L = 550 W
v_f = 100 mm/s
Links: A_s = 0,2 mm;
f_s = 1000 Hz
Mitte: A_s = 0,1 mm;
v_{Osz} =°1400 mm/s
Rechts: A_s = 0,2 mm;
v_{Osz} =°1000 mm/s

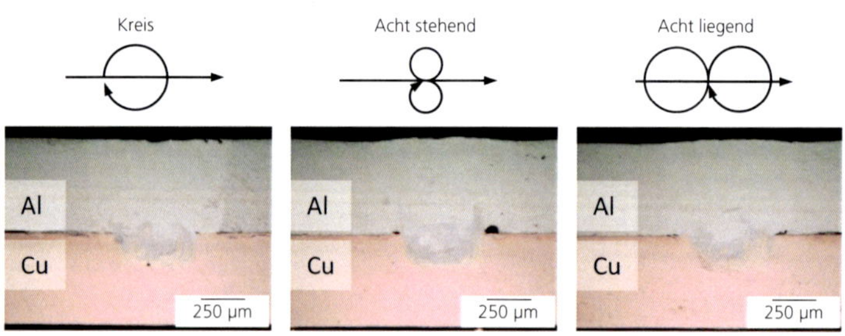

Um die Breite der Schweißnaht vergleichbar zu halten sind die Konturen insgesamt 0,4 mm breit. Die Querschnitte deuten nur kleinere Unterschiede in der Schweißnahtform und Durchmischung an. Die stehende Acht bietet aufgrund der gleichgerichteten Bewegung an den Konturaußenseiten die Möglichkeit einen rechteckigen Nahtquerschnitt zu erhalten. Bei der liegenden Acht kann der vordere Kreis zur Vorwärmung des Materials dienen und der nachfolgende zum Erreichen der notwendigen Einschweißtiefe. Genauso kann der hintere Kreis die Abkühlung verlangsamen und so ggf. positiven Einfluss z.B. auf die Nahtrauheit besitzen. Dies sind Fragestellungen für weitere Untersuchungen zum Schweißen von Aluminium-Kupfer-Verbindungen.

5.3 In situ Analyse mittels Synchrotron-Röntgenstrahlung

Die Durchmischung des Materials kann, wie in den Kapiteln zuvor dargestellt, mittels metallographischer Auswertung nach dem Prozess analysiert werden. Für eine prozessbegleitende Beobachtung der Materialdurchmischung und der Dampfkapillargeometrie kann Röntgenstrahlung genutzt werden. Mit Hilfe videographischer Aufnahmen wird die Materialdurchmischung aufgezeichnet. In den folgenden Kapiteln werden die Ergebnisse einer Prozessuntersuchung mit Synchrotron-Röntgenstrahlung (siehe Kapitel 3.4) beim Schweißen von Aluminium-Kupfer-Verbindungen dargestellt. Die Videos zu den untersuchten Bildfolgen sind online verfügbar, siehe Verzeichnis 10.2 [HOL22b].

5.3.1 Systemtechnik und Auswertung der experimentellen Versuche mit Synchrotron-Röntgenstrahlung

Die Schmelze und insbesondere die Materialbewegung in der Schmelze sind in der Regel keine sichtbaren oder messbaren Größen. Die Beschreibungen der Schmelzbadbewegungen beim Laserstrahlschweißen beruhen auf Beobachtungen der Schmelzbadoberfläche, Simulationen, metallographischer Untersuchungen und Röntgenaufnahmen. Insbesondere die Untersuchung mittels Röntgenstrahlung besitzt dabei enormes Potential, da die Strahlung metallische Bauteile durchdringt und Phasengrenzen sowie Dichteunterschiede sichtbar macht.

Für die in situ Untersuchungen mittels Synchrotronstrahlung wird ein Aufbau mit ortsfestem Laserstrahl und bewegter Probe genutzt. Die verwendeten Proben sind 3 mm breit und 100 mm lang. Auf dem Probengrundkörper befinden sich 0,5 mm dicke Al99,5 bzw. Cu-ETP Streifen, die mittels Laserstrahlung geheftet sind, siehe Bild 52. Die Untersuchungen beinhalten zwei Strahlquellen mit unterschiedlichen Strahldurchmessern. Der verwendete Trumpf TruDisk erzeugt einen Strahl mit 117 µm Fokusdurchmesser und mit dem Single-Mode-Faserlaser der Firma IPG werden 34 µm im Fokus gemessen. [HUM21]

Bild 52:
Probengeometrie mit Punktschweißungen zum Heften

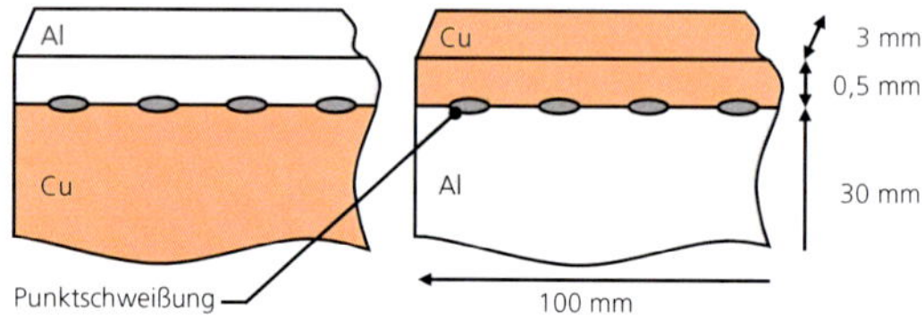

Im Bereich der Fügezone wird die in Längsrichtung bewegte Probe von Synchrotronstrahlung des „Deutschen Elektronen Synchrotrons" in Hamburg bestrahlt. Für die Versuche wird die hochenergetische Beamline P07 (EH4) der Speicherring-Röntgenstrahlungsquelle Petra 3 genutzt [SCH13]. Die transmittierte Strahlung wird mit einem Szintillator sichtbar gemacht und mittels Hochgeschwindigkeitskamera aufgenommen. Der Aufbau ist in Bild 53 dargestellt.

Bild 53:
Schematische Darstellung des Synchrotronaufbaus

[HOL22a]

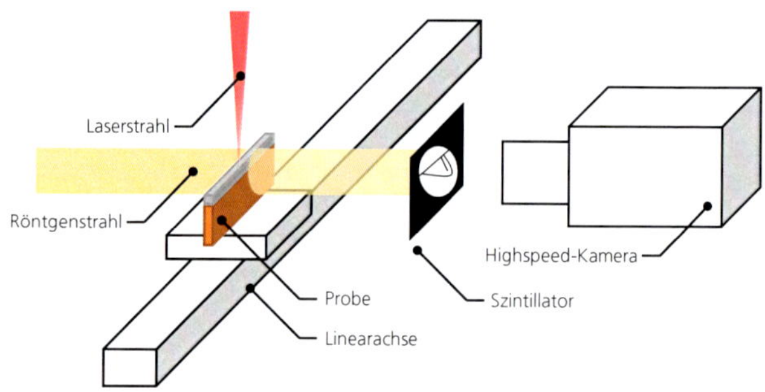

Grundlegende Parameter des Synchrotronaufbaus sind in Tab. 13 ersichtlich. Weitere Details können [HUM21] und [HOL22a] entnommen werden.

Tab. 13:
Parameter des Synchrotronaufbaus

[HUM21]

Eigenschaft	**P07 Petra 3**
Operationsmodus [-]	Low Beta
Photonenenergie [keV]	37,7
Strahlgröße [mm²]	2x2
Szintillatormaterial [-]	CdWO4
Szintillatorgröße [mm²]	11x11
Szintillatordicke [µm]	300
Abstand Szintillator zu Probe [mm]	800

Die Aufnahmen werden mittels Shading-Techniken zur Verbesserung der Kontraste nachbearbeitet. Die Schweißprozesse werden mit 1000 Bildern pro

Sekunde aufgenommen. In Bild 54 sind drei exemplarische Einzelbilder dargestellt. Im linken Bild ist eine Referenzschweißung in Aluminium zu sehen (Vergrößertes Bild im Anhang 11.6, Bild 102). Deutlich erkennbar sind die schmale Dampfkapillare (heller senkrechter Bereich) sowie die Schmelzbadgrenze (Änderung des Grautons vor und hinter der Dampfkapillare). Das mittlere und das rechte Bild zeigen Überlappschweißungen mit Aluminium und Kupfer. Diese unterscheiden sich in der Anordnung der Materialien. Während mittig 0,5 mm dickes Al99,5 auf CuSn6 liegt, wird rechts Cu-ETP auf Al99,5 geschweißt. [HOL22a]

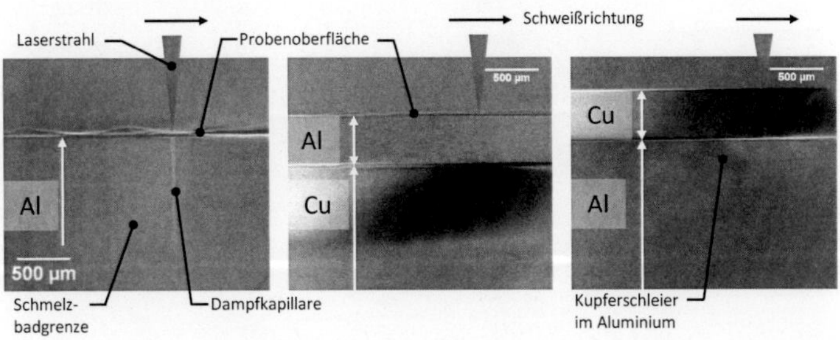

Bild 54: Darstellung der Synchrotronaufnahmen in drei Konfigurationen

Links: Al99,5
Mitte: Al99,5 auf CuSn6
Rechts: Cu-ETP auf Al99,5

[HOL22a]

Die Position des Laserstrahls ist schematisch angedeutet. Die Dampfkapillare ist als heller, nadelförmiger Bereich zu erkennen. Die höhere Dichte des Kupfers verhindert die Sichtbarkeit der Kapillare in diesem Material. Im Bereich des Aluminiums sind die Form und Position der Kapillare, teilweise die Grenzen des Schmelzbades, Poren und die Durchmischung mit dem dichteren Kupfer (dunkle Schleier) zu sehen. Das Schmelzbad in der Aluminium-Referenz besitzt diesen dunklen Schleier nicht, sodass hier von der Sichtbarkeit des eindringenden Kupfermaterials ausgegangen werden kann. Im Folgenden werden die Entstehung von Poren und deren Bewegung in der Schmelze sowie die Schmelzbaddynamik und die Materialdurchmischung anhand der Aufnahmen mit Synchrotronstrahlung dargestellt. [HOL22a]

5.3.2 Porenentstehung und Bewegung im Schmelzbad

Ein gängiger Schweißnahtfehler beim Laserschweißen von Aluminium und Kupfer ist das Auftreten von Poren. Mit Hilfe der Synchrotronaufnahmen werden die Entstehung und die Bewegung der Poren im Schmelzbad sichtbar. Bei den durchgeführten Versuchen können drei Entstehungsmechanismen der Poren identifiziert werden:

- am Materialübergang vor der Dampfkapillare bei Aluminium-Kupfer-Verbindungen

- in der Erstarrungszone im Aluminium-Schmelzbad bei Aluminium-Kupfer-Verbindungen
- am Dampfkapillargrund bei Kupfer-Aluminium-Verbindungen [HOL22a]

Der erste Entstehungsmechanismus ist in der Bildsequenz in Bild 55 erkennbar. Dargestellt sind vier Einzelbilder mit einem Zeitunterschied von 1 ms. Am Materialübergang vor dem Keyhole ist eine halbkreisförmige Aufwölbung zu sehen, welche sich über die Zeit aufbaut (siehe Markierung).

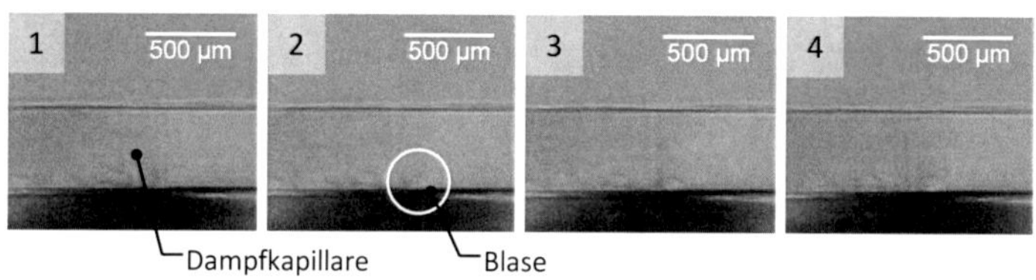

Bild 55:
Porenentstehung vor der Dampfkapillare (Al auf Cu)

P_L = 750 W
v_f = 50 mm/s
d_f = 34 µm
Δt = 1 ms

Video verfügbar, siehe 10.2 [HOL22a]

Aufgrund der fehlenden Sichtbarkeit im Kupfer sind Entstehung und der weitere Verbleib der Pore nicht eindeutig zu bestimmen. Mögliche Ursache ist eine turbulente Verwirbelung aufgrund des aufsteigenden Kupferdampfstroms. Durch die verschiedenen physikalischen Eigenschaften stellt der Materialübergang ein Hindernis für Metalldampf- und Schmelzbadströmungen dar. [HOL22a]

Eine Vergrößerung des Fokusdurchmessers bewirkt bei gleicher Materialkonstellation eine Verlängerung des Schmelzbades im Aluminium und deutlich stärker ausgeprägte Wellen an der Schmelzbadoberfläche, siehe Bild 56. Im Bild sind zwei Einzelbilder mit verschiedenen Schweißparametern dargestellt. Auffällig sind die Größe und die Anzahl an Poren im linken Einzelbild. Bei Betrachtung des gesamten Videos schwimmen die Poren im Aluminiumschmelzbad hin und her. Die Schmelzbadoberfläche ist unruhig und vereinzelt ist ein Aufsteigen der Poren aus der Kupferschmelze sichtbar. [HOL22a]

Bild 56:
Auftreten von Poren im Aluminium-schmelzbad (Al auf Cu)

d_f = 117 µm
Links:
P_L = 1000 W
v_f = 50 mm/s
Rechts:
P_L = 1500 W
v_f = 100 mm/s

[HOL22a]

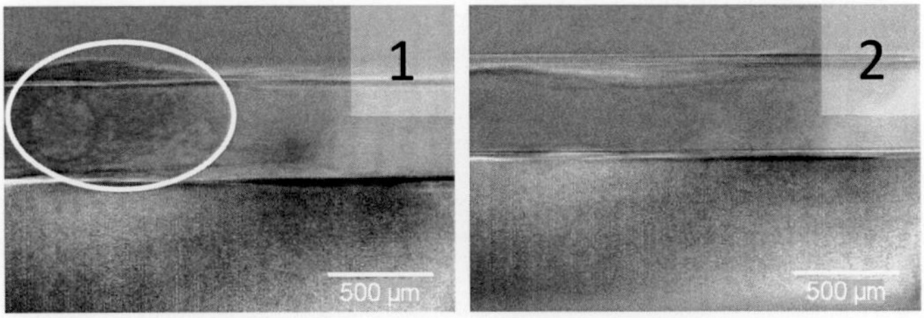

Das Schmelzbad im Aluminium ist aufgrund der Materialeigenschaften (geringerer Schmelzpunkt, geringere Wärmeleitfähigkeit) länger als im Kupfer. Die vermutlich im Kupfer entstehenden Poren steigen in der Kupferschmelze auf, bis sie im Aluminium auf die Wellenbewegung treffen und durch eine horizontale Schmelzebewegung in Richtung Erstarrungszone getrieben werden. In diesem Bereich ist das Kupfer bereits erstarrt und die vertikale Strömung nicht mehr vorhanden. Der weitere Auftrieb der Poren ist entsprechend nur noch durch den Dichteunterschied gegeben. Bei erhöhter Laserleistung und Vorschubgeschwindigkeit ist dieses Phänomen nicht zu erkennen (Bild 56 rechts). Hier besteht weiterhin eine Wellenbewegung an der Schmelzbadoberfläche, Poren sind jedoch nicht eindeutig sichtbar. [HOL22a]

Bei Änderung der Materialanordnung ist die Entstehung von Poren am Dampfkapillargrund erkennbar (Bild 57). Die entstandenen Poren wandern in diesem Versuch entlang der Schmelzbadgrenze in Richtung Erstarrungszone (B). Vereinzelte Poren lösen sich vom Schmelzbadgrund (C) und lagern sich am Materialübergang ab (A). Das kürzere Kupferschmelzbad verhindert ein weiteres Aufsteigen der Poren und eine Erstarrung im Bereich des Materialübergangs. [HOL22a]

Bild 57:
Porenentstehung am Keyholegrund (Cu auf Al)

P_L = 1000 W
v_f = 50 mm/s
d_f = 117 µm
Δt = 2 ms

Video verfügbar, siehe 10.2
[HOL22a]

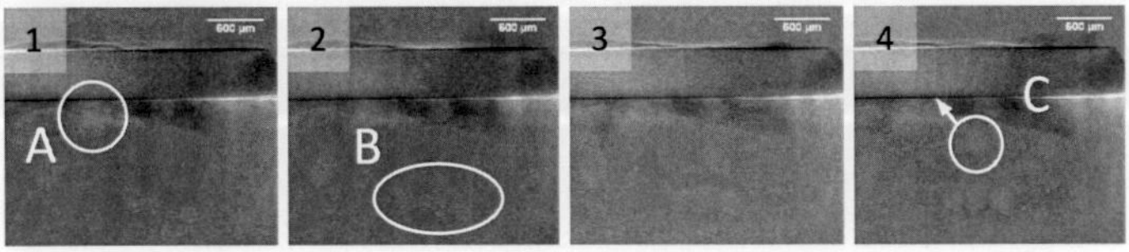

Dieser Effekt kann in einer metallographischen Auswertung bestätigt werden. Der Querschliff in Bild 58 belegt das Auftreten von Poren im Materialübergang. Im Längsschliff sind Poren in beliebiger Tiefe der Aluminiumschmelze zu erkennen. Die Porenanzahl im obenliegenden Kupfer ist deutlich geringer. [HOL22a]

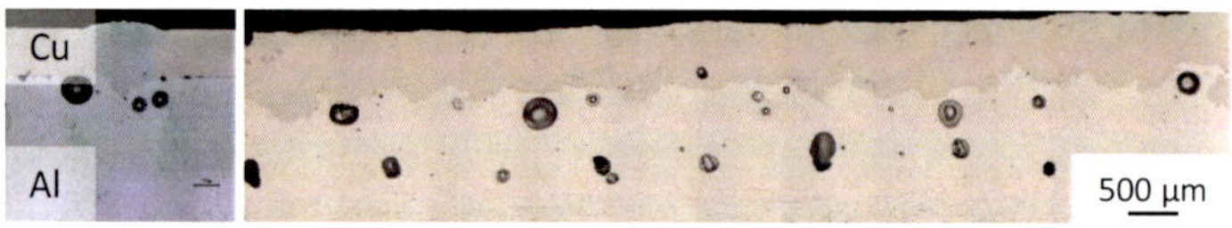

Bild 58: Metallographische Auswertung der Porenentstehung in Quer- (links) und Längsschliff (rechts)

[HOL22a]

Auch die Durchmischung der Materialien kann die Poren am Aufstieg hindern. In Bild 59 ist die Bewegung einer Pore dargestellt und markiert. Im letzten Bild der Sequenz (unten rechts) sind die Positionen zu den dargestellten Zeitpunkten relativ zur Dampfkapillare überlagert (Vergrößerung im Anhang 11.6, Bild 103). Die Pore wird beim Aufstieg von einem dunklen Schleier (Kupfer) zurück in Richtung Dampfkapillare bewegt. Anschließend bewegt sie sich unterhalb des Materialübergangs in Richtung Erstarrungszone. [HOL22a]

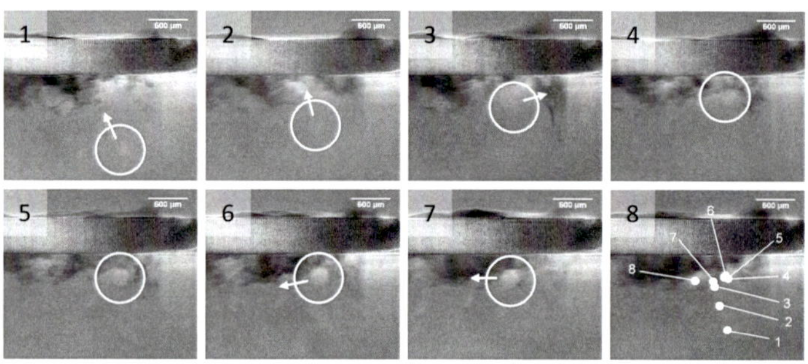

Bild 59: Porenbewegung nach Entstehung am Dampfkapillargrund (Cu auf Al)

P_L = 1500 W
v_f = 100 mm/s
d_f = 117 µm
Δt = 2 ms

Video verfügbar, siehe 10.2 [HOL22a]

Zu vermuten ist eine Bewegung senkrecht zur Bildebene, also senkrecht zur Vorschubrichtung, zwischen den Einzelbildern 4 und 6. Die Pore entsteht am Dampfkapillargrund und steigt mittig hinter dem Keyhole nach oben. Aufgrund des schmaleren Schmelzbades im Kupfer dringt der Kupferschleier zentral in das Aluminiumschmelzbad ein. Der vorwärtsgerichtete Kupferstrom nimmt die Pore mit, bis er auf weitere Strömungen in Dampfkapillarnähe trifft. In der Turbulenz wird die Pore an die Schmelzbadaußenseite und von der rückwärtsgerichteten Kapillarumströmung in Richtung Erstarrungszone bewegt.

Metallographische Untersuchungen bestätigen das Auftreten von Poren im Randbereich, siehe Bild 60. [HOL22a]

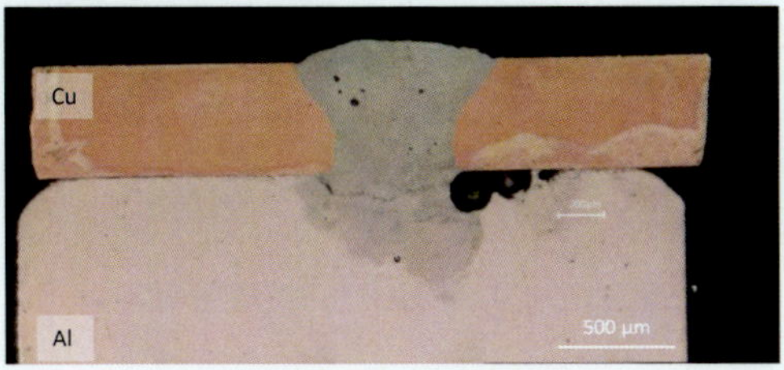

Bild 60: Metallographischer Querschliff mit seitlicher Porenerstarrung

[HOL22a]

Die bisherigen Ergebnisse erfordern eine weitere, tiefergehende Analyse der Porenentstehung und -bewegung im Schmelzbad. Hierbei ist insbesondere die Entstehung in Abhängigkeit des Strahldurchmessers und der Prozessparameter zu untersuchen. Schweißungen mit kleinerem Strahldurchmesser, wie in Bild 62, deuten zumindest auf der Aluminiumseite die Möglichkeit zur Porenreduzierung an. Der Blick ins Kupfer ist aber auch hier wünschenswert und sollte Ziel weitergehender Untersuchungen mit der Synchrotronstrahlung sein. [HOL22a]

5.3.3 Dynamik und Durchmischung in der Aluminium-Kupfer-Schmelze

Neben den Poren lässt sich auch die Durchmischung des Kupfers im Aluminium beobachten (dunkle Bereiche). Die Durchmischung hat großen Einfluss auf die mechanischen und elektrischen Nahteigenschaften. Bislang kann die Durchmischung insbesondere durch metallographische Untersuchungen analysiert werden. Die Untersuchung mit der Synchrotronstrahlung bietet hier eine neue Dimension. Die Aufnahmen zeigen den Eintritt des Kupfers insbesondere vom Schmelzbadende her. Dabei strömen schubweise Kupfermassen ins Aluminium und entgegen der Schweißrichtung in Richtung der Dampfkapillare. Ein solcher Zyklus ist in Bild 61 dargestellt. Das Kupfer bewegt sich in Richtung Dampfkapillare, wird von der Kapillarumströmung mitgerissen und verwirbelt. Dadurch wird das Kupfer über die gesamte Einschweißtiefe verteilt. [HOL22a]

Bild 61: Kupferströmung in Richtung Dampfkapillare (Cu auf Al)

P_L = 1000 W
v_f = 50 mm/s
d_f = 117 µm
Δt = 1 ms

Video verfügbar, siehe 10.2 [HOL22a]

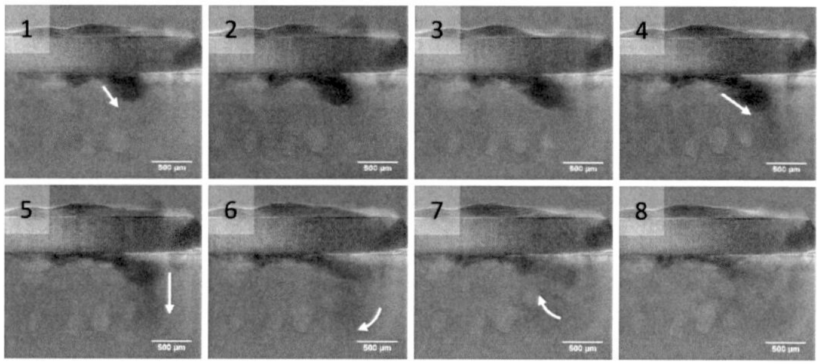

Diese Verwirbelung im Bereich der Dampfkapillare ist auch bei kleineren Strahldurchmessern zu erkennen, wie Bild 62 belegt. In diesem Beispiel erreicht der Kupferstrom die Schmelzbadfront, ändert in einem Wirbel die Richtung nach unten und bewegt sich schließlich in Richtung der Erstarrungsfront. [HOL22a]

Bild 62: Verwirbelung der Kupferströmung an der Dampfkapillare (Cu auf Al)

P_L = 750 W
v_f = 50 mm/s
d_f = 34 µm
Δt = 1 ms

Video verfügbar, siehe 10.2 [HOL22a]

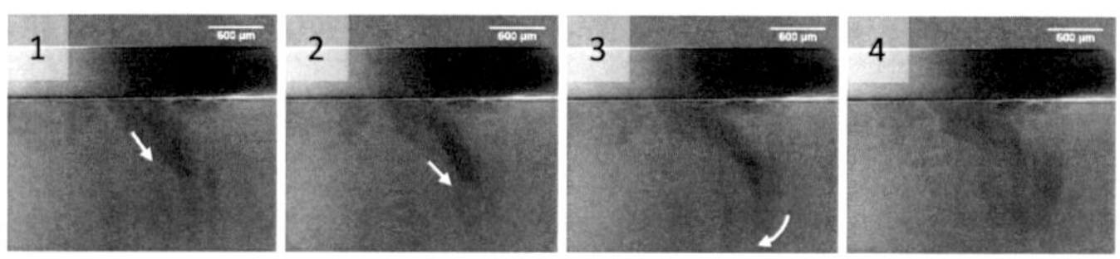

In Bild 63 sind Einzelbilder von vier verschiedenen Parametersätzen zum Vergleich dargestellt. Die beiden linken Bilder (1, 2) unterscheiden sich in der Vorschubgeschwindigkeit und weisen einen Unterschied in der Durchmischung auf. Während in (1) dunkle Kupferbereiche bis zum Schmelzbadgrund zu sehen sind, ist die Durchmischung in (2) deutlich geringer und oberflächennaher. Hierbei ist der Unterschied in der Einschweißtiefe zu beachten, der diese Erscheinung unterstützt. [HOL22a]

In den Einzelbildern (3) und (4) wird die Dampfkapillare mittels örtlicher Leistungsmodulation kreisförmig bewegt. In (3) sind einzelne sehr dunkle, aber auch helle Bereiche erkennbar. Im Vergleich dazu ist die Durchmischung mit höherer Oszillationsfrequenz in (4) homogener. Auffallend ist die untere Grenze der dunklen durchmischten Zone, die scheinbar eine waagerechte Grenze darstellt (siehe Markierung). Die Oszillation bewirkt in diesem Fall den Verbleib des Kupfers im oberen Bereich des Aluminiumschmelzbades. Aufgrund der hohen Dynamik der Dampfkapillare ist diese in den Aufnahmen mit örtlicher Leistungsmodulation nicht eindeutig sichtbar. [HOL22a]

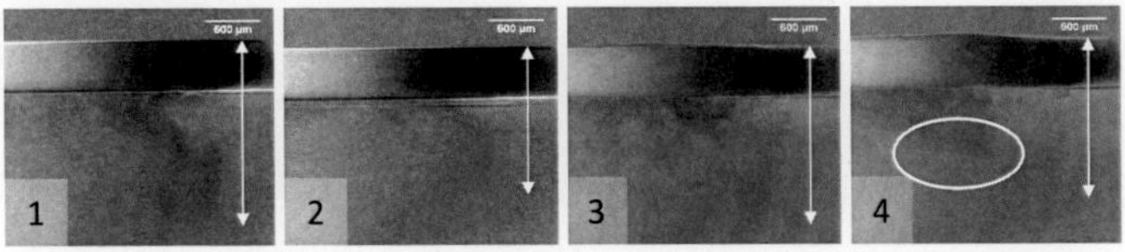

Bild 63: Parameterbedingte Kupferverwirbelung (Cu auf Al)

P_L = 750 W
v_f = 50 mm/s
d_f = 34 µm
1: s.o.
2: v_f = 100 mm/s
3: A_s = 0,2 mm; f_s = 250 Hz
4: A_s = 0,2 mm; f_s = 500 Hz

[HOL22a]

Für die Kupfer-Aluminium-Verbindung kann aus den Aufnahmen eine Darstellung der für die Durchmischung relevanten Schmelzbadströmungen abgeleitet werden, Bild 64. Basierend auf den grundlegenden Mechanismen der Schmelzbaddynamik (Kapitel 2.2) führt der aufsteigende Metalldampf in der Kapillare zu einer aufwärtsgerichteten Strömung der angrenzenden Schmelze. Durch Kapillarumströmung und Oberflächenspannung wird mutmaßlich ein Wirbel im obenliegenden Kupfer erzeugt. Bei der Umlenkung des rückwärtsgerichteten Stroms an der Erstarrungsfront wird Kupfer in das untenliegende Aluminium gedrückt. Die Wellencharakteristik der Schmelzbadoberfläche erklärt das schubweise Eindringen des Kupfers. [HOL22a]

Bild 64:
Schematische Darstellung auftretender Strömungen beim Schweißen von Cu-Al

[HOL22a]

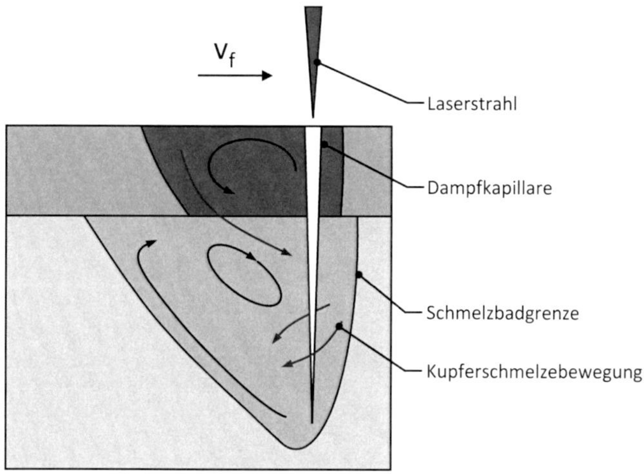

Die höhere Dichte treibt das Kupfer zusätzlich tiefer ins Aluminium und in Richtung Kapillare. Dort wird der Kupferstrom von einer nach unten gerichteten Strömung erfasst. Diese Beobachtung deckt sich mit den Untersuchungen in [LEI16, S. 121–125]. Die vertikale Strömung wird auf den Verdampfungsdruck zurückgeführt, der das Kupfer vor der Kapillarfront beschleunigt. Laut [LEI16, S. 121–125] entspringt dieser Strom bereits im Kupferwerkstoff. Dieser Zusammenhang kann bei der hier gewählten Materialkombination und den Parametern nicht bestätigt werden. Der Kupfereintrag in das Aluminium durch diese Strömung ist gering im Vergleich zum Kupfereintrag am Schmelzbadende. Die vertikale Strömung sorgt für eine Materialdurchmischung bis zum Schmelzbadgrund. Von dort aus wird der Kupferstrom in Richtung Erstarrungszone bewegt. Das Aluminium-Kupfer-Gemisch strömt entlang der Erstarrungsfront in Richtung Oberfläche. Am Übergang vom Aluminium- zum Kupferwerkstoff erfährt der Materialstrom eine Richtungsänderung. Diese induzierte Richtungsänderung führt zu einer Unterstützung der zuvor beschriebenen vorwärts gerichteten Strömung vom Kupfer ins Aluminium. Hierbei ist die Ausprägung der Erstarrungsfront zu berücksichtigen. Anzunehmen ist, dass die Schmelzbadfront keinen gleichmäßigen Übergang im Bereich der Fügeebene besitzt. Querschliffe belegen eine unterschiedliche Nahtbreite für die Schweißnaht im Aluminium- und im Kupferbereich, siehe Kapitel 5.2. Aufgrund der höheren Wärmeleitfähigkeit des Kupfers ist das Kupferschmelzbad quer zum Vorschub schmaler als im Aluminium. Die Übergänge an der Materialgrenze sind scharf. Dieser Effekt ist auch in Längsrichtung zu vermuten. Das kürzere Schmelzbad im Kupfer führt somit zu einer Barriere für die aufwärtsgerichtete Strömung und einer Umlenkung in Richtung Dampfkapillare. [HOL22a]

Die dargestellten Strömungen sind Ansätze für eine Erklärung der Materialdurchmischung. Die hohe Dynamik der Strömungen im Schmelzbad führt zu komplexen Strömungssituationen, die in Bild 64 vereinfacht dargestellt werden. Für die Bestätigung dieser Theorie sind weitere Untersuchungen notwendig, die neben den Phasengrenzen im Aluminium auch die Grenzen im Kupfer darstellen können. Für die Betrachtung der örtlichen Leistungsmodulation muss zusätzlich die Bildaufnahmefrequenz erhöht werden. Insgesamt bietet die Untersuchung mit Synchrotronstrahlung einen Einblick in den Schweißprozess und die für die Durchmischung relevanten Mechanismen. Die Methodik kann die Grundlagenforschung im Bereich der Schmelzbaddynamik und Porenentstehung, insbesondere bei Aluminium-Kupfer-Verbindungen, unterstützen. Sowohl Datenaufnahmen als auch -verarbeitung sind jedoch für die produktionsbegleitende Analyse des Prozesses zu aufwändig. Dennoch kann die Synchrotron-Analyse ein Mittel zur Weiterentwicklung von Prozessüberwachungssystemen darstellen. Die Präzision der Fehlererkennung und der Unterscheidung bei Systemen die Prozessemissionen analysieren kann hierbei erhöht werden. [HOL22a]

5.4 Funktionsorientierte Analyse von Aluminium-Kupfer-Verbindungen

Beim Einsatz der Aluminium-Kupfer-Verbindungen z.B. in der Elektromobilität werden die Schweißnähte mechanisch, elektrisch und thermisch beansprucht. Im Folgenden werden Ansätze und Untersuchungen der Verbindungen auf den Einfluss einer dynamischen Vibrationsbelastung, einer thermisch zyklischen Belastung sowie einer elektrischen Belastung vorgestellt.

5.4.1 Mechanische Belastung der Verbindungen im Betrieb[4]

Verbindungen von Aluminium und Kupfer werden üblicherweise für die elektrische Kontaktierung verwendet. Eine mechanische Festigkeit ist demnach nur als sekundäre Funktion anzusehen. Dennoch sind beispielsweise Batterieverbindungen in der Elektromobilität einer mechanischen Belastung in Form von Vibrationen ausgesetzt. Batteriemodule werden dafür in einem Schwingungsprüfstand, Shaker, einer Vibrationsprüfung unterzogen. Die mechanische Belastung der Aluminium-Kupfer-Verbindung kann dabei Einfluss auf die Funktionstüchtigkeit und Langzeitstabilität der elektrischen Verbindung besitzen. Die Vibrationen können die Rissausbreitung verstärken und so die elektrische Kontaktgüte reduzieren. Vibrationsprüfungen werden üblicherweise in einer montierten Baugruppe, bspw. in einem Batteriemodul oder -pack,

[4] Dieses Kapitel enthält Ergebnisse der Bachelorarbeit von Lennart Sayk: *Untersuchung der Vibrationsfestigkeit von laserstrahlgeschweißten, artungleichen Verbindungen für die Automobilindustrie*. Angefertigt am 28.08.2017. Betreuender Professor: Prof. Dr.-rer. nat. Peter Loosen; wissenschaftlicher Betreuer: Sören Hollatz M.Sc. – RWTH Aachen University

durchgeführt. Für die Bewertung des Laserstrahlschweißprozesses können Baugruppenkonstruktion und -montage die Bewertung der Kontaktverbindung beeinflussen.

Für die Untersuchungen in diesem Kapitel werden einseitig eingespannte Aluminium-Kupfer-Überlappverbindungen verwendet. Die Vibrationsbelastung wird mit einem Schwingprüfsystem LDS V 555 der Firma Brüel & Kjaer realisiert. Die Prüflinge werden einseitig eingespannt, während die andere Seite der Verbindung frei schwingen kann. Die Prüfung erfolgt in drei Raumachsen, siehe Bild 65.

Bild 65: Ausrichtung der Prüflinge in Bezug zur Vibrationsanregung

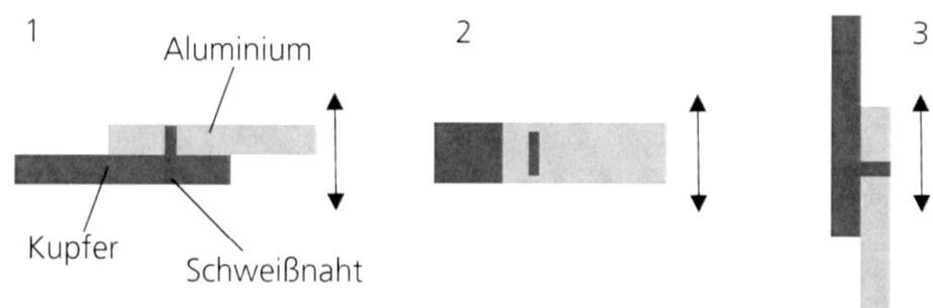

Für die Vibrationsprüfung wird die Prüfvorschrift VW80000 für „Elektrische und elektronische Komponenten in Kraftfahrzeugen bis 3,5t" der Volkswagen AG genutzt. Die Schwingungsanregung erfolgt als Breitbandrauschen, gemäß dem Vibrationsprofil D in Bild 66 links. Aufgrund der eindimensionalen Anregung des Prüfstands wird die 8-stündige Prüfung drei Mal, also in jeder Raumrichtung, durchgeführt. Dafür wird die Probenaufnahme zwischen den Prüfabschnitten um 90° gedreht. [VOL13, S. 83]

Für die Bewertung des Einflusses der Vibration wird eine ungeprüfte Referenzgruppe mit den vibrationsgetesteten Prüflingen verglichen. Als Vergleichswert dient die Zugscherfestigkeit. Die Ergebnisse, aufgeteilt in Referenzproben und vibrationsbelastete Proben (in allen Raumrichtungen), sind in Bild 66 rechts dargestellt. Unterschieden wird zwischen den Oszillationsamplituden A_S. Die Amplitude $A_S = 0$ mm entspricht einem konventionellen Schweißprozess ohne örtliche Leistungsmodulation.

Bild 66:
Vibrationsprofil (links) und Ergebnisse der Zugscherversuche (rechts)

links: [VOL13, S. 83]
rechts:
$P_L = 400$ W
$v_f = 100$ mm/s
$f_s = 1000$ Hz

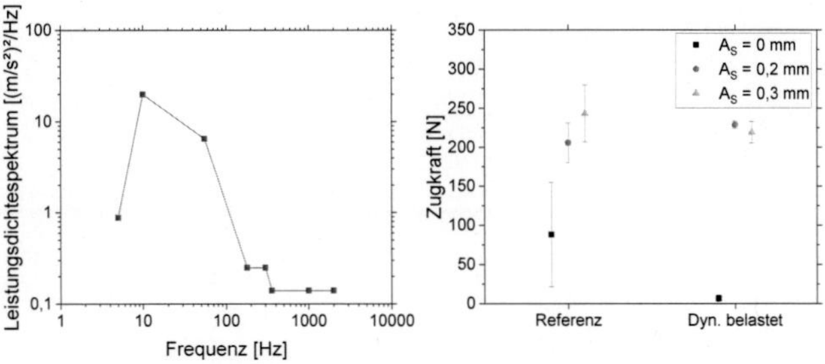

Die Schweißnahtparameter der dargestellten Ergebnisse sind so ausgewählt, dass die Fügepartner bei der größten Amplitude nahezu vollständig durchgeschweißt sind. Dadurch entsteht ein größerer Anteil an Kupfer in der Schmelze und entsprechend ein höherer Anteil an intermetallischen Phasen. Auffallend ist die zu erwartende Zunahme der Zugfestigkeit der Referenzproben bei steigender Amplitude und damit höherer Anbindungsbreite. Die dynamische Belastung der Proben führt in diesem Fall zu einer Reduktion der als Fehlerbalken aufgetragenen Standardabweichungen. Die Mittelwerte der Proben mit örtlicher Leistungsmodulation verbleiben im Bereich der Prozessschwankungen von rund ±10% Abweichung. Der Wert für $A_s = 0{,}2$ mm steigt auf 228,9 N (+11%), während für $A_s = 0{,}3$ mm eine Abnahme auf 219,3 N (-10%) gemessen wird. Bei den Schweißungen ohne örtliche Leistungsmodulation ist hingegen eine deutliche Abnahme des Mittelwerts der Zugfestigkeit bemerkbar (-93%). Bereits die Referenzproben zeigen mit einer Standardabweichung von 67 N große Schwankungen. Die Ableitung von allgemeingültigen Ergebnissen ist bei dieser Untersuchung aufgrund des Probenumfangs schwierig. Zudem ist die freischwingende Belastung nur bedingt mit der realen Anwendung vergleichbar. Weitere Untersuchungen zur dynamischen Festigkeit sollten sich auf das Prüfen von Baugruppen fokussieren. Aufgrund der Gewichtsbeschränkung des Vibrationsprüfstands können diese Untersuchungen im Rahmen dieser Arbeit nicht durchgeführt werden.

5.4.2 Thermische Belastung der Verbindungen im Betrieb[5]

Abhängig von der Anwendung unterliegen elektrische Kontaktierungen einer zyklisch wechselnden Temperaturbeanspruchung. Am Beispiel von Batterieverbindungen für die Elektromobilität sind als Ursache für eine Temperaturbelastung wechselnde Umgebungstemperaturen sowie der

[5] Dieses Kapitel enthält Ergebnisse der Bachelorarbeit von Christoph Wortmann: *Untersuchung der Temperaturstabilität von lasergeschweißten Aluminium- und Kupferverbindungen*. Angefertigt am 08.10.2020. Betreuender Professor: Prof. Dr.-rer. nat. Constantin Häfner; wissenschaftlicher Betreuer: Sören Hollatz M.Sc. – RWTH Aachen University

elektrische Stromfluss zu nennen. Je nach Einsatzort und Jahreszeit schwanken die Temperaturen bereits ohne Betrieb. Die elektrische Charakteristik eines Elektrofahrzeugs führt dann zusätzlich zu Temperaturschwankungen. Abhängig von der Stromstärke und dem erzielten Übergangswiderstand erwärmt sich die Verbindung. Ein hoher Strombedarf zum Beispiel beim Beschleunigen des Fahrzeugs führt entsprechend zu hohen Temperaturen in der Verbindung. Die begrenzte Temperaturstabilität von Batteriezellen erfordert ein Thermomanagement der Batteriezellen und wirkt entsprechend auch auf die Verbindungen. Der Temperaturbereich der Verbindungen entspricht dem zulässigen Temperaturbereich der Batteriezellen. Hierbei beginnen bei 65°C irreversible Alterungseffekte im Elektrolyten. Mit Hilfe des Kühlsystems werden Batteriemodule auf Temperaturen von ca. 30°C gehalten, um die höchste Leistungsfähigkeit und Lebensdauer zu gewährleisten. [RAV03; SCH15, S. 9, 10; KET10, S. 16, 24, 36-38]

Die materialcharakteristischen Eigenschaften, wie z.B. der unterschiedliche Wärmeausdehnungskoeffizient, können zu Spannungen im Bauteil und in Kombinationen mit intermetallischen Phasen zu einem verstärkten Risswachstum führen. Durch die folgenden Untersuchungen soll die Frage, inwieweit der Temperaturwechsel im Betrieb Aluminium-Kupfer-Verbindungen beeinflusst, beantwortet werden. Hierzu werden Proben in einem Klimaschrank thermisch belastet und mit unbelasteten Referenzproben verglichen. Der elektrische Übergangswiderstand wird hierzu vor und nach der Prüfung gemessen. Abschließend erfolgt eine mechanische Untersuchung mittels Zugscherversuch.

Für die Untersuchungen werden zwei Temperaturzyklen verwendet. Die erste Probengruppe wird im Klimaschrank, ClimeEvent C/180/40/ (Weiss Umwelttechnik) in Anlehnung an den im Klimawechseltest der „VW PV1200" beschriebenen Zyklus belastet [VOL04]. Entsprechend wird die Temperatur im Bereich von -40°C bis +80°C variiert, siehe Bild 67 rechts.

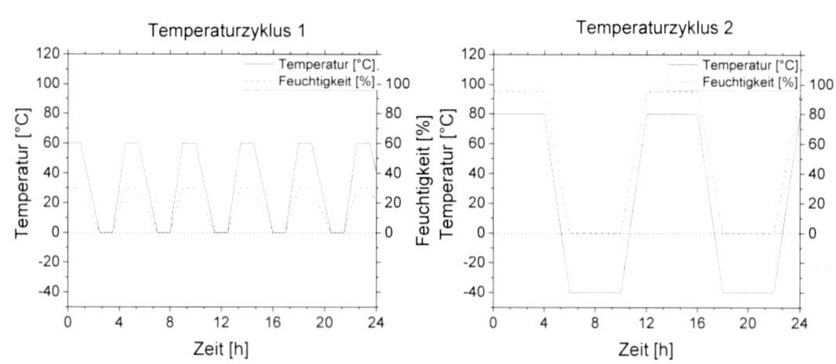

Bild 67:
Verlauf der verwendeten Temperaturzyklen

links: beschleunigter Zyklus
rechts: in Anlehnung an VW PV1200 [VOL04]

Um eine höhere Zyklenzahl pro Zeit zu erreichen, wird ein Temperaturzyklus 1 erstellt, der einen kleineren, anwendungsnäheren Temperaturbereich (0-60°C) abdeckt. Eine Probengruppe wird mit 60 Wiederholungen des Temperaturzyklus 1 belastet. Eine zweite Probengruppe wird mit 30 Wiederholungen des Temperaturzyklus 2 von -40°C bis 80°C beansprucht.

Für die verwendeten Schweißparameter werden Schweißungen mit hoher Laserleistung und niedrigerer Laserleistung eingesetzt, um unterschiedliche Durchmischungen zu erhalten. Zusätzlich werden Versuche mit örtlicher Leistungsmodulation durchgeführt. Die Ergebnisse der Zugversuche sind in Bild 68 dargestellt.

Bild 68: Ergebnisse der Zugversuche mit und ohne örtliche Leistungsmodulation nach der thermischen Belastung

v_f = 100 mm/s
Links: A_s = 0 mm
Rechts: A_s = 0,2 mm
f_s = 1000 Hz

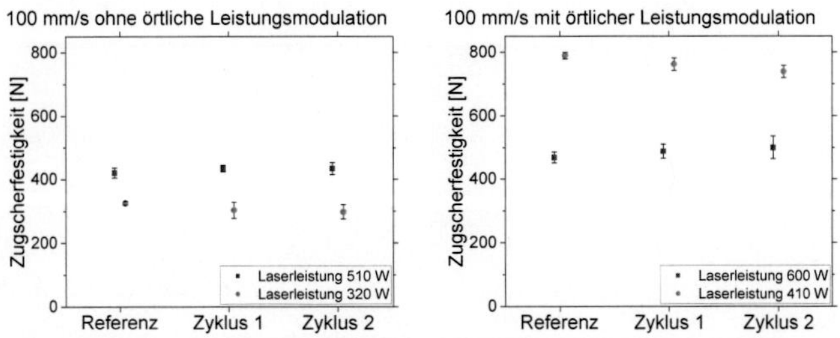

Bei den Schweißungen ohne Modulation führt die Erhöhung der Laserleistung zu einer erhöhten Zugfestigkeit. Der Einfluss der Temperaturzyklen auf die Schweißungen mit hoher Laserleistung ist gering. Die Zugfestigkeiten dieser Schweißungen steigen geringfügig, während bei der geringen Laserleistung eine leichte Abnahme zu erkennen ist. Das gleiche Verhalten zeigen auch die Schweißungen mit der kleinen Einschweißtiefe unter Verwendung der örtlichen Leistungsmodulation. Anders als ohne Leistungsmodulation führen die geringen Einschweißtiefen zu höheren Festigkeitswerten als bei hoher Einschweißtiefe. Die Anbindungsbreite ist in einem ähnlichen Bereich, siehe Bild 69.

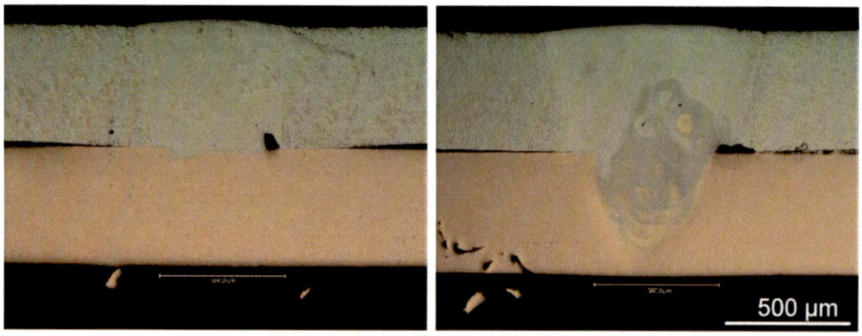

Bild 69:
Metallographische Auswertung der thermisch belasteten Schweißungen

v_f = 100 mm/s
A_s = 0,2 mm
f_s = 1000 Hz
Links:
P_L = 410 W
Rechts:
P_L = 600 W

Die Erhöhung der Festigkeit durch die Klimazyklen wird durch die Betrachtung der Längenänderung bis zum Bruch im Zugversuch unterstützt. Durchschnittlich über alle Proben verringert sich die Probenverlängerung während des Zugversuchs um 6,8%. Eine geringere Verlängerung weist auf eine reduzierte Duktilität in der Fügeverbindung hin und kann durch ein Wachstum intermetallischer Phasen verursacht werden.

Die Messung der Übergangswiderstände erfolgt zunächst nach dem Verschweißen und anschließend nach der Belastung mit den Temperaturzyklen. Eine Aufstellung der Messergebnisse ist in Tab. 14 dargestellt. Den niedrigsten Ausgangswiderstand im Übergang besitzen die Proben mit örtlicher Leistungsmodulation und geringer Einschweißtiefe. Durch die thermische Belastung im Klimaschrank sinken die gemessenen Übergangswiderstände im Mittel. Lediglich bei den Proben mit geringer Einschweißtiefe und Oszillation steigen nach Temperaturzyklus 2 die Messwerte. Hierbei ist zu berücksichtigen, dass alle Proben für den Ausgangswiderstand mit den Parametern inkludiert sind. Durch die Aufteilung in Temperaturzyklus 1 und -zyklus 2 ist die Probenanzahl pro Parameter und Temperaturzyklus auf fünf reduziert.

Tab. 14:
Änderung der Übergangswiderstände durch die thermische Belastung

v_f = 100 mm/s

Schweißparameter	Ausgangs-widerstand [µΩ]	Temperatur-zyklus 1	Temperatur-zyklus 2
P_L = 320 W	30,26	-1,2 %	-4,6 %
P_L = 510 W	30,02	-1,6 %	-2,1 %
P_L = 410 W A_s = 0,2 mm f_s = 1000 Hz	29,48	-3,1 %	+0,7 %
P_L = 600 W A_s = 0,2 mm f_s = 1000 Hz	30,6	-1,3 %	-1,4 %

Die Reduktion der Widerstände befindet sich jedoch im Bereich der Messgenauigkeit des Aufbaus. Dennoch sind im ausgewählten Parameterbereich und den genutzten Temperaturzyklen keine Erhöhungen der Übergangswiderstände und somit eine Verminderung der Verbindungsqualität zu beobachten. Die Auswertung der Zugversuche zeigt zusammenfassend unterschiedliche Ergebnisse. So können sowohl Abnahme als auch Zunahme der Zugfestigkeit nach den thermischen Zyklen identifiziert werden. Für die Übertragung auf eine reale Anwendung ist der große Temperaturbereich der Zyklen anzumerken. Diese Temperaturunterschiede sollten insbesondere in einem Batteriesystem geringer ausfallen. Die Proben in dieser Untersuchung haben entsprechend einer höheren Belastung schädigungsfrei standgehalten als sie in der Batterieanwendung erwartet.

5.4.3 Elektrische Belastung der Verbindungen im Betrieb[6]

Die Aluminium-Kupfer-Verbindungen dienen in erster Linie dem Übertragen von elektrischem Strom. Als Bewertungskriterium wird in dieser Arbeit der elektrische Übergangswiderstand herangezogen. Die Messungen erfolgen nach der Schweißung, aber bevor die Verbindung die angedachte elektrische Funktionalität erfüllt. Das Leiten elektrischen Stroms führt zu einer Erwärmung des Leiters und der widerstandsbehafteten Schweißverbindung. Temperaturschwankungen und Erwärmung können die Rissausbreitung in der Schweißnaht sowie das Wachstum intermetallischer Phasen fördern, sodass eine Zunahme des elektrischen Widerstands eintritt. Im Folgenden werden diese Effekte in einer ersten Untersuchung zur elektrischen Belastung analysiert.

[6] Dieses Kapitel enthält Ergebnisse der Masterarbeit von Rishabh Tawa: *Untersuchung des Einflusses der elektrischen Belastung im Betrieb auf lasergeschweißte Verbindungen für die Batterietechnik*. Angefertigt am 26.03.2022. Betreuende Professoren: Prof Dr.-rer. nat. Cemal Esen, Ruhr-Universität Bochum, Prof. Dr.-rer. nat. Constantin Häfner; wissenschaftlicher Betreuer: Sören Hollatz M.Sc. – RWTH Aachen University

In [BRA93] werden mittels Reibschweißen Aluminium-Kupfer-Verbindungen mit einem Durchmesser von 5 mm hergestellt und mit elektrischen Strom belastet. Die Ergebnisse zeigen ein Wachstum der intermetallischen Phasen über der Zeit. Die Wachstumsrate steigt mit erhöhter Temperatur. In der Untersuchung werden Temperaturen von 200-500 °C erzeugt. Für eine Anwendung im Bereich der Batterietechnik ist dieser Temperaturbereich nicht zutreffend, da die Zellen üblicherweise nur bis maximal 60°C erwärmt werden dürfen, um Alterungseffekte in der Zelle zu vermeiden. Bei kraftschlüssigen Verbindungen in der Energietechnik kann eine Beschichtung z.B. mit Silber die Langzeitstabilität erhöhen [SCH09]. Dadurch kann der Einfluss von Effekten wie Grenzflächendiffusion, Fremdschichtbildung (Oxidation) reduziert werden.

Für die Untersuchung in dieser Arbeit werden laserstrahlgeschweißte Aluminium-Kupfer-Verbindungen elektrisch belastet und regelmäßig hinsichtlich des elektrischen Übergangswiderstands vermessen. Für die elektrische Belastung wird das Batterietestsystem UBT-ME-200-060 der Firma Digatron Power Electronics GmbH verwendet. Nach DIN VDE 0298-4:2013-6 ist für einen Querschnitt von 6 mm² (Schweißnahtlänge 20 mm, Anbindungsbreite 0,3 mm) ein Strom von 34 A zulässig. Während der elektrischen Belastung wird die Verbindung auf 50°C erwärmt und anschließend abgekühlt. Der Stromverlauf stellt dafür einen Rechteckpuls über 24 s dar. Für einen Belastungszyklus wird dieser Stromverlauf fortlaufend wiederholt, bis die Proben nach rund 5,5 h elektrisch vermessen werden. Unter Berücksichtigung der initialen Messung werden je Probe acht Widerstandsmessungen durchgeführt.

In Bild 70 sind die Mittelwerte des gemessenen Übergangswiderstands von 5 Proben je Parametersatz bei jeder Messung dargestellt. Auffallend ist zunächst, dass Parameter 1 und 2 einen ähnlichen Verlauf aufzeigen, aber im Vergleich zu den anderen beiden Parametern niedrigere Widerstände gemessen werden. Dies ist in der zunehmenden Anbindungsbreite durch die örtliche Leistungsmodulation zu begründen. Die gewählten Schweißparameter erzeugen für mit und ohne örtliche Leistungsmodulation jeweils eine höhere (Parameter 2,3) und eine niedrigere Einschweißtiefe (Parameter 1, 4). Die Annahme der Übergangswiderstand steigt bei einer höheren Einschweißtiefe und damit einer größeren Durchmischung der Materialien lässt sich durch die Messungen nicht bestätigen.

Bild 70:
Änderung des elektrischen Übergangswiderstands durch die elektrische Belastung

v_f = 100 mm/s

Parameter 1:
P_L = 360 W
A_s = 0,2 mm
f_s = 1000 Hz

Parameter 2:
P_L = 440 W
A_s = 0,2 mm
f_s = 1000 Hz

Parameter 3:
P_L = 360 W
A_s = 0 mm
f_s = 0 Hz

Parameter 4:
P_L = 280 W
A_s = 0 mm
f_s = 0 Hz

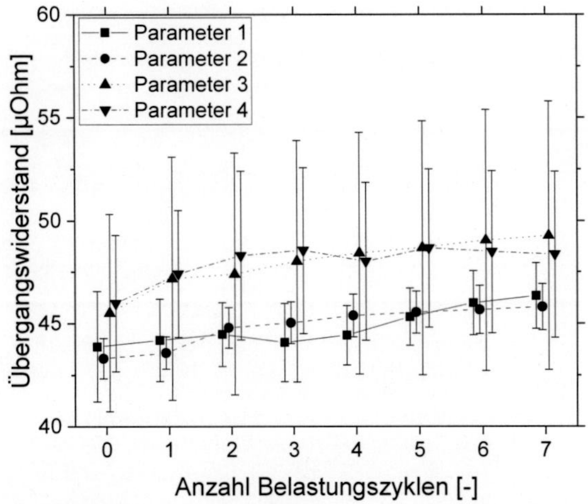

Das entscheidende Ergebnis dieser Untersuchung ist der stetig steigende Verlauf der Mittelwerte der Übergangswiderstände. Dieser Anstieg beginnt bereits nach dem ersten Belastungszyklus und setzt sich nahezu linear fort. Ein steigender Widerstand bedeutet eine Reduktion der Verbindungsqualität während des Betriebs. Bei Verwendung einer örtlichen Leistungsmodulation steigen die Werte für Parameter 1 und 2 um rund 6%. Für die Parameter 3 und 4 ohne Leistungsmodulation ist eine Zunahme von 8 %, bzw. 5% messbar.

Mögliche Ursachen für die steigenden Widerstände sind hierbei:

- Phasenwachstum durch die Erwärmung
- Rissausbreitung durch den schnellen Temperaturwechsel
- Messfehler aufgrund fortschreitender Oxidation der Probenoberfläche

Der Zyklus spiegelt nur bedingt die Belastung in der realen Anwendung wider. In der Automobilbranche wird für die Messung von Kraftstoffverbrauch und Emissionsausstoß bei Fahrzeugen der „Worldwide harmonized Light Duty Test Cycle" (WLTC) genutzt. Dieser sieht einen deutlich komplexeren Geschwindigkeitsverlauf und damit einen komplexeren Stromverlauf bei der Untersuchung vor [TUT15]. Da die obengenannten Einflüsse auf die

Widerstandsänderung jedoch vornehmlich durch den Spitzenstrom und die dadurch entstehende schnelle Erwärmung in der Verbindung entstehen, wird in dieser Untersuchung der Rechteckpuls verwendet. Die vergleichsweise lange Belastung bei hohem Strom führt zu einer höheren Belastung der Verbindungen und bildet somit eine Abschätzung zur sicheren Seite dar. Zusätzlich ist die gesamte Betriebsdauer eines Fahrzeugs allein zeittechnisch schwierig darstellbar. Die erhöhten Widerstandswerte aufgrund der erhöhten Belastungsintensität sind deshalb nur ein Anzeichen für eine Auswirkung auf den Einsatz im Betrieb und benötigen eine weitergehende Untersuchung. Hierbei bietet sich eine Erhöhung der Gesamtbelastungsdauer an, um den langfristigen Verlauf des Widerstands zu beurteilen. Möglich ist, dass Spannungen, die durch das Schweißen entstehen in den ersten Belastungszyklen abgebaut werden, anschließend die Veränderung des Widerstands jedoch abnimmt.

Zusammenfassend ist die elektrische Belastung der Aluminium-Kupfer-Verbindungen ein wichtiges Kriterium für die Bewertung der Langzeitstabilität. Die Änderungen des Widerstands in dieser Untersuchung bei vergleichsweise kurzer Belastungsdauer kann nicht vernachlässigt werden. Die Verbindungen sind jedoch weder mechanisch noch elektrisch ausgefallen. Aufgrund der Temperatursensitivität der Batteriezellen sind Batteriesysteme, die mit hohen Strömen belastet werden, üblicherweise mit Kühlsystemen ausgestattet, sodass die schnelle Erwärmung auf 50°C eine überdurchschnittliche Belastung der Zellen darstellt.

6 Prozessbegleitende Bestimmung der Einschweißtiefe

Die vorangegangenen Kapitel haben den Einfluss der Einschweißtiefe auf die Verbindungsqualität von Aluminium-Kupfer-Verbindungen dargestellt. Eine erhöhte Einschweißtiefe führt zu einer gesteigerten Durchmischung der Materialien und ggf. zu Porenbildung im unteren Bereich der Dampfkapillare. Die Kenntnis über die Einschweißtiefe ist dabei ein wichtiger Parameter für die Auslegung von Laserstrahlschweißprozessen. In Kapitel 5 werden ein komplexer Röntgenstrahlaufbau und bauteilzerstörende metallographische Analysen verwendet. In diesem Kapitel werden zwei weitere zerstörungsfreie Methoden vorgestellt und hinsichtlich der Einsatzfähigkeit bei Aluminium-Kupfer-Verbindungen untersucht:

- Interferometrische Messung der Dampfkapillartiefe (Kapitel 6.1 bis 6.3)
- Spektrometerbasierte Auswertung der Plasmaemission (Kapitel 6.4 bis 6.7)

6.1 Theoretische Betrachtung der interferometerbasierten Dampfkapillarmessung mit örtlicher Leistungsmodulation

Der Einsatz von optischer Kohärenztomographie (OCT, siehe auch Kapitel 3.2) bei der Vermessung der Dampfkapillartiefe im Bereich des Laserstrahl-Mikrofügens besitzt derzeit noch keine weite Verbreitung. Das liegt insbesondere an prozessbedingten Herausforderungen:

- Kleine Strahldurchmesser führen zu kleinen Kapillaröffnungen
- Der Einsatz von hochdynamischen Scannersystemen ist verlustbehaftet und führt zu chromatischer Aberration
- Die örtliche Leistungsmodulation führt zu hohen Bahngeschwindigkeiten und erfordert eine hohe Messfrequenz

Die geringe Öffnung der Dampfkapillare beim Einsatz von hochbrillanten Strahlquellen mit Fokusdurchmessern im Bereich kleiner 30 µm erhöht die Messfehlerrate beim Einsatz der OCT-Systeme. Die kommerziell verfügbaren Systeme erreichen gute Ergebnisse im Makroschweißbereich. Je kleiner die Kapillaröffnung, desto schwieriger wird die Messung. Das liegt am großen Aspektverhältnis, dem Verhältnis von Kapillartiefe zu Kapillardurchmesser. Dadurch steigt die Wahrscheinlichkeit von Messfehlern entsprechend den Darstellungen in Bild 12. Um das Verhältnis von nutzbarem Messsignal zu fehlerhaftem Rauschen zu erhöhen, sind neben einer hohen Messstrahlintensität auch eine exakte Kalibrierung des koaxialen Mess- und Bearbeitungsstrahls notwendig.

Der Wellenlängenunterschied zwischen Mess- und Bearbeitungsstrahl führt zu chromatischer Aberration an den optischen Elementen des Bearbeitungskopfs. Diese beschreibt einen Abbildungsfehler optischer Elemente aufgrund der Wellenlängenabhängigkeit der Lichtbrechung. Die optischen Elemente in einem Laserbearbeitungskopf sind in erster Linie für die Laserwellenlänge der Bearbeitung ausgelegt. Die Interaktion des Messstrahls mit diesen Elementen führt entsprechend zu Verlusten aufgrund geringerer Reflektivität von Spiegeln oder geringerer Transmissivität von optischen Linsen für die Wellenlänge des Messstrahls. Zusätzlich ändert sich die Brechung an den optischen Elementen. Die Auslenkung von Scannerspiegeln führt zu einem außermittigen Auftreffen auf der ersten Linse der Fokussieroptik. Mit steigendem Abstand vom Mittelpunkt des Arbeitsfelds erhöht sich der Versatz der beiden Strahlen zueinander. Bei Einsatz von Strahlquellen mit guter Fokussierbarkeit und entsprechend kleinem Fokusdurchmesser kann der Strahlversatz im Außenbereich des Arbeitsfelds dazu führen, dass der Messstrahl nicht oder nur teilweise in die Dampfkapillare gelangt. Der Anteil an ungültigen Messungen steigt entsprechend an.

Das Schweißen mit örtlicher Leistungsmodulation bietet weitere Herausforderungen für die OCT-Messungen. Die hohen, aber wechselnden Bahngeschwindigkeiten führen zu Schwankungen in der Einschweißtiefe [HAE17a] und ggf. zu einem Abknicken der Dampfkapillare [ABT11]. Die Vorschubgeschwindigkeit ist ein wichtiger Indikator für die Kalibrierung des OCT-Systems. Bei hohen Geschwindigkeiten ist die Position des Laserstrahls nicht mittig in der Dampfkapillaröffnung, stattdessen wird die Laserstrahlung an der Dampfkapillarfront absorbiert. Der Richtungswechsel bei der kreisförmigen örtlichen Leistungsmodulation führt entsprechend auch zu einer Drehung der Dampfkapillaröffnung. Die Kalibrierung und Positionierung des Messstrahls relativ zum Laserstrahl erfordert dementsprechend eine hohe Präzision.

Bei der Analyse der OCT-Messungen beim Schweißen mit örtlicher Leistungsmodulation besteht zudem eine Schwierigkeit bei der Auswertung der Messungen. Im Gegensatz zu linearen Schweißnähten ohne Modulation entspricht die Einschweißtiefe eines Längsschliffs nicht den Messwerten. Das OCT-System misst die Einschweißtiefe entlang der Laserstrahlbahn. Durch die Überlappung der einzelnen Oszillationen ist die gemessene Einschweißtiefe des OCT-Systems im Längsschliff nicht mehr zu messen. Die Auswertung der Messwerte bei der Prozessüberwachung wird dadurch erschwert. Die Messung der entlang der Bahn bietet jedoch für das Prozessverständnis und die Prozessentwicklung beim Laserstrahlschweißen mit örtlicher

Leistungsmodulation eine zusätzliche Information. So kann die Asynchronität der kreisförmigen Modulation untersucht und durch geeignete Modulation der Laserleistung die Konstanz der Einschweißtiefe erhöht werden.

6.2 Experimentelle Untersuchung mit OCT-Systemen beim Mikroschweißen

Die Einsatzfähigkeit von OCT-Systemen im Laserstrahl-Mikroschweißen wird anhand von zwei Systemen evaluiert. Die Ergebnisse werden zunächst allgemein in Hinblick auf die Datenanalyse und den Umgang mit örtlicher Leistungsmodulation in den folgenden Kapiteln (Kapitel 6.2.1 und 6.2.2) dargestellt und diskutiert. Im Anschluss werden diese Ergebnisse bei den in dieser Arbeit im Vordergrund stehenden Aluminium-Kupfer-Verbindungen angewandt (Kapitel 6.2.3). Die verwendete Systemtechnik ist in Tab. 15 dargestellt.

Tab. 15: Systemtechnik für die Untersuchungen mit OCT-Systemen

Eigenschaft	Anlage 1	Anlage 2
OCT System	Precitec In-Process Depth Meter	IPG LDD 700
Hersteller	Precitec GmbH & Co. KG	IPG Laser GmbH
Wellenlänge OCT [nm]	1530	800-900
Abtastfrequenz [kHz]	70	250
Scansystem	Scanlab intelliSCAN 25	IPG MidPower Scanner
Lasersystem	Trumpf TruDisk 1000	IPG YLR 1500 SM
Fokusdurchmesser [µm]	80	44
Material	X5CrNi18-10	Cu-ETP, Al99,5

Vorversuche zeigen eine Limitierung des messbaren Fokusdurchmessers mit dem OCT-Aufbau in Anlage 1 bei rund 80 µm [HOL18a]. Dies kann durch Verluste an Objektiv und Scanner verursacht werden. Das Precitec System in der verwendeten Ausführung ist zudem herstellerseitig nicht für den Einsatz mit Scanner vorgesehen. Allerdings können Messungen mit Scanner und einem Strahldurchmesser von 80 µm durchgeführt werden. Dafür wird das System koaxial in den Bearbeitungskopf integriert. Der Aufbau der Anlage 2 unterscheidet sich in Position und Konfiguration nur in der Verwendung eines zusätzlichen Scanners für den Messstrahl. Dieser ermöglicht die Kompensation der chromatischen Aberration sowie eine zusätzliche vorlaufende Messung der Schweißnahtpositionierung oder eine nachlaufende Messung der Schweißnahtoberfläche.

Vorversuche zur Evaluation der Einsatzfähigkeit des OCT-Systems mit Scanner in Anlage 1 zeigen positive Ergebnisse für ein kreisförmiges Scanfeld mit einem Durchmesser von ca. 10 mm. Anhand paralleler, linienförmiger Schweißungen in Stahlproben kann der Bereich festgelegt werden. Die gemessene Einschweißtiefe in Falschfarben ist in Bild 71 über der x-/y-Position im Scanfeld dargestellt.

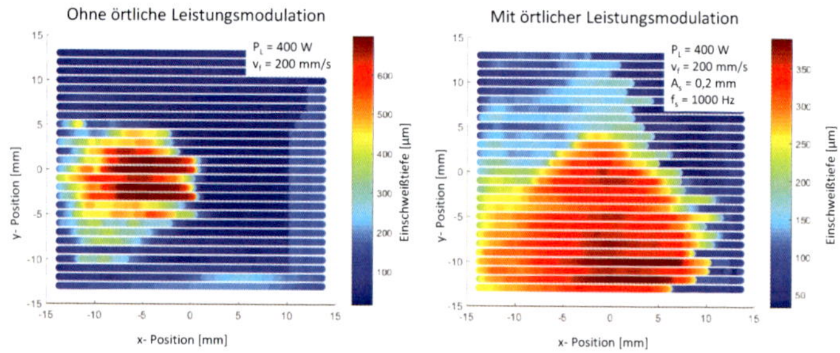

Bild 71: Einschweißtiefenmessungen im Scanfeld mit und ohne örtliche Leistungsmodulation

[HOL18a]

Auffallend ist die deutliche Vergrößerung des messbaren Scanfeldbereichs bei Einsatz der örtlichen Leistungsmodulation. Die Oszillation führt jedoch auch zu einer geringeren Dampfkapillartiefe, was sich wiederum positiv auf die Messung auswirkt. Die Wahrscheinlichkeit von Messfehlern ist hierbei geringer als bei tieferen Dampfkapillaren, vgl. Bild 12. Die sinkende Qualität der Messungen erschwert eine korrekte Bestimmung der Einschweißtiefe. Umso wichtiger ist hierbei die Datenaufbereitung und -analyse, welche im folgenden Kapitel betrachtet wird.

6.2.1 Datenanalyse und -aufbereitung des OCT-Signals

Die Aufbereitung der Rohdaten des OCT-Systems erhöht die Qualität der Messwerte. Eine erste Filterung erfolgt mit Hilfe eines Rangordnungsfilters. Hierbei ist die Analyse der zu verwendeten Filterparameter entscheidend für das Ergebnis. Aufgrund einer starken Abhängigkeit von den Schweißparametern, bzw. der resultierenden Einschweißtiefe wird anschließend mit einer Kombination von Bandpass und Kalman-Filter die Abweichung der Messung weiter verringert.

Für die Analyse der Datenverarbeitung werden Blindschweißungen in Stahl durchgeführt. Die aufgenommenen Messdaten werden mit der mikroskopisch bestimmten Einschweißtiefe aus metallographisch präparierten Längsschliffen verglichen. Die zuvor genannten Herausforderungen für das Messsystem erfordern eine angepasste Datenaufbereitung. Die Rohdaten des Precitec OCT-

Systems beinhalten dabei alle Messwerte, die eine systeminterne Qualitätsschwelle, „Quality Threshold" bei der Fourier Transformation, überschreiten. Dadurch wird das Messwertrauschen reduziert. Aufgrund der herausfordernden Messbedingungen unterscheidet sich auch die Anzahl an gültigen Messwerten in den Rohdaten. Zwei Rohdatenmessungen sind in Bild 72 dargestellt und belegen eine deutliche Abnahme der erhaltenen, gültigen Messwerte bei erhöhter Einschweißtiefe. Für alle Messungen wird die Qualitätsschwelle auf einen konstanten Wert festgelegt, um eine Vergleichbarkeit der Messungen zu erreichen. [HOL20c]

Bild 72: Vergleich von Rohdaten mit unterschiedlichem Anteil gültiger Messwerte

Links: $P_{L,max}$ = 100 W v_f = 100 mm/s
Rechts: $P_{L,max}$ = 800 W v_f = 200 mm/s

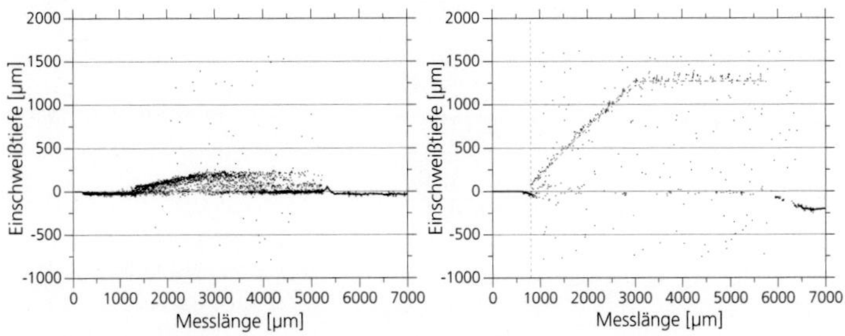

Qualitativ liegt die Tiefe der Dampfkapillare in Bild 72 rechts in den Bereichen mit hoher Dichte der Messwerte (siehe Strichlinie). Auffallend ist der Anstieg der Einschweißtiefe auf der ersten Hälfte der Schweißnaht. Um die metallographisch und interferometrisch gemessenen Tiefen besser zu vergleichen, wird die Leistung auf der ersten Hälfte der Schweißnaht linear gesteigert und auf der zweiten Hälfte konstant gehalten. Ebenfalls sichtbar ist der Sprung im Anfangsbereich bei rund 800 µm, der den Wechsel von Wärmeleitungs- zu Tiefschweißen darstellt. Für eine quantitative Beschreibung müssen die Daten gefiltert werden. Herstellerseitig wird hier ein Rangordnungsfilter genutzt. Für jeden Messwert werden die Werte in einem symmetrischen Fenster mit einstellbarer Fensterlänge betrachtet. Beträgt diese beispielsweise 1 ms werden alle Messwerte 0,5 ms vor und nach der zu untersuchenden Messstelle für die Filterung verwendet. Die Messwerte werden nach ihrer Größe sortiert und der Wert des entsprechend verwendeten Perzentils wird der Messstelle zugeordnet. Dadurch werden Rückreflexe an optischen Elementen im Strahlengang oder an der Kapillarwand und an der Bauteiloberfläche ausgeschlossen. Die bereits erwähnten zusätzlichen Herausforderungen für das Messsystem machen eine Untersuchung über die Eignung unterschiedlicher Perzentilwerte unerlässlich. Für dieses gleitende Wertefenster wird von Precitec ein Perzentil im Bereich von 85 und 97 % empfohlen. [PRE18, S. 63]

Beim Vergleich der Einschweißtiefenmessung mit den Beobachtungen mit Röntgenstrahlung wird in [FET17] ebenfalls ein gleitender Perzentil-Filter genutzt. Dabei kommt ein symmetrisches Wertefenster mit den Messungen innerhalb 1 ms und ein 80 % Perzentil zum Einsatz.

In Bild 73 ist die Messung einer Schweißnaht mit unterschiedlichen Perzentilen dargestellt. Die Punktlinie entspricht den Messungen der Einschweißtiefe im metallographisch präparierten Längsschliff.

Bild 73:
Vergleich der Ergebnisse unterschiedlicher Filterwerte mit metallographisch gemessenen Werten

P_L = 150 W
v_f = 50 mm/s
[HOL20c]

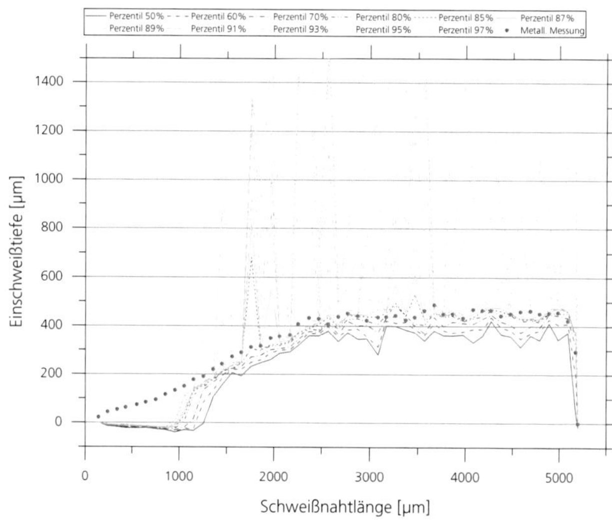

Auffallend sind die großen Abweichungen in Form von Peaks bei Perzentilwerten über 85 %. Die Ergebnisse der Werte darunter folgen grob der Dynamik der metallographisch gemessenen Einschweißtiefe. Ein kleinerer Perzentilwert führt entsprechend zu einer Reduzierung der gemessenen Einschweißtiefe. Die Messkurven liegen insgesamt eher unterhalb der metallographisch ermittelten Tiefe. Hier ist zu berücksichtigen, dass verschiedene Längen bestimmt werden. Während metallographisch die tatsächliche Einschweißtiefe bestimmt wird, misst das OCT-System die Tiefe der Dampfkapillare. Da unterhalb der Dampfkapillare noch durch Wärmeleitung aufgeschmolzenes Material vorhanden ist, misst das OCT-System geringere Werte als die tatsächliche, metallographicsh bestimmte Einschweißtiefe. Zur Bewertung der Perzentilwerte wird die absolute Abweichung zur metallographischen Messung bestimmt. Der Vergleich der Standardabweichung dieser absoluten Abweichung bei der Auswertung mit unterschiedlichen Perzentilen offenbart die Schwierigkeiten bei der Auswahl des Perzentilwerts, siehe Bild 74. [HOL20c]

Bild 74
Standardabweichung der absoluten Abweichung von metallographisch und interferometrisch bestimmter Einschweißtiefe

[HOL20c]

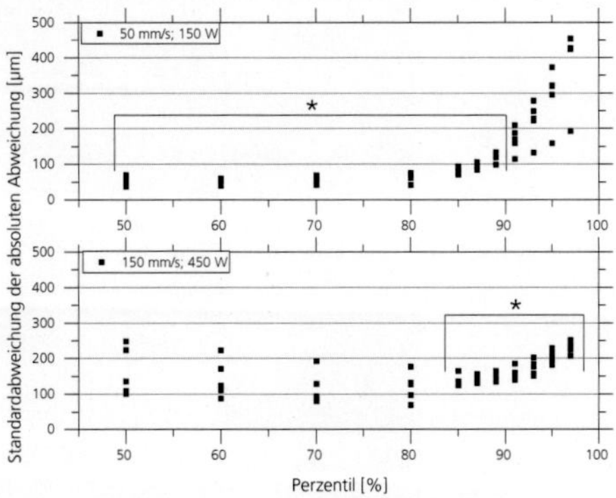

Während die Standardabweichung bei den Schweißungen mit v_f = 50 mm/s und Perzentilen bis 90% reproduzierbare Ergebnisse erzeugt, zeigen die Ergebnisse mit v_f = 150 mm/s eine geringere Streuung der Standardabweichung bei hohen Perzentilwerten ab 85%. Die Schweißungen mit höherer Laserleistung führen, trotz konstanter Streckenenergie, zu höheren Einschweißtiefen. Eine Abhängigkeit von Laserparametern und nutzbarem Perzentil kann in den durchgeführten Untersuchungen nicht identifiziert werden. [HOL20c] Dennoch kann mit dem Perzentilfilter die Einschweißtiefe abgebildet werden. In Bild 75 werden zwei Schweißungen mit gleichen Parametern gegenübergestellt. Mit Ausnahme von Anfang und Ende der Schweißnaht entsprechen die Messungen im oberen Graphen der tatsächlich gemessenen Einschweißtiefe. Die Abweichung am Schweißnahtbeginn ist mit dem Fehlen der Dampfkapillare aufgrund der Leistungsrampe zu erklären. Gemessen wird an dieser Stelle nur die Schmelzbadoberfläche. Am Ende der Schweißnaht führt das symmetrische Filterfenster zu Fehlern. Im unteren Graphen sind Abweichungen bei 1,8 und 4,7 mm zu erkennen. Im metallographischen Querschnitt sind keine Prozessinstabilitäten auszumachen. Dennoch führt ein Signalrauschen zu Abweichungen durch den Perzentilfilter. [HOL20c]

Bild 75:
Vergleich von metallographischer und interferometrisch bestimmter Einschweißtiefe mit verschiedenen Perzentilen

P_L = 600 W
v_f = 200 mm/s

[HOL20c]

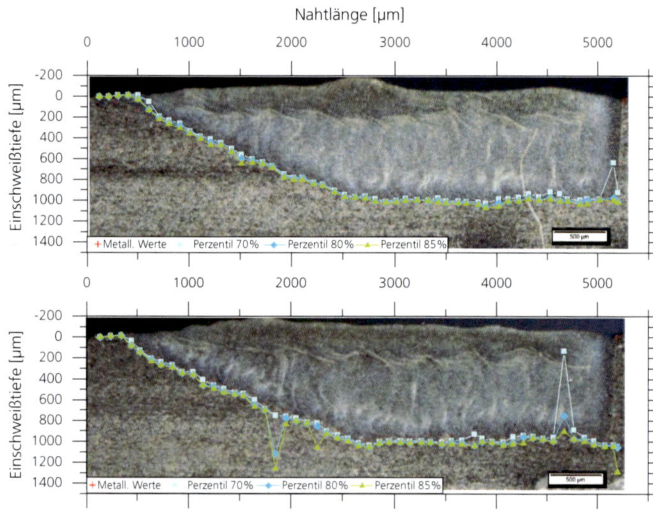

Um die Qualität der Auswertung zu erhöhen, wird in einem zweiten Ansatz eine Kombination von Kalman- und Bandpassfiltern verwendet, siehe Bild 76. Der Kalman-Filter zeichnet sich durch Einfachheit und Robustheit aus und wird bspw. bei der Navigation verwendet. Der rekursive Algorithmus besteht aus zwei Stufen, aus der Vorhersage und der Korrektur. In der Vorhersage schätzt der Algorithmus einen Wert für den nächsten Zeitschritt ab. Dieser wird auf Basis des Messwerts am betrachteten Zeitschritt korrigiert und bildet die Grundlage für die nächste Vorhersage. [WEL01, S. 19-24]

Bild 76:
Ablaufdiagramm zur Datenverarbeitung mit Kalman- und Bandpassfiltern

[HOL20c]

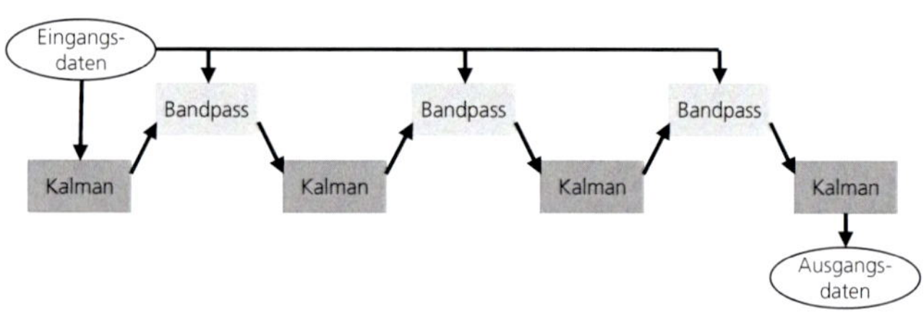

Im ersten Schritt wird mit Hilfe des Kalman Algorithmus eine erste Trendkurve basierend auf den Rohmessdaten berechnet. Auf Basis dieses Trends wird das

Signalrauschen der Rohmessdaten mit dem Bandpassfilter reduziert. Die rauschreduzierten Messdaten werden erneut von einem Kalman-Filter verwendet, um eine weitere Trendkurve zu berechnen. Diese wird erneut zur Bearbeitung der Rohmessdaten mit einem Bandpassfilter genutzt. Iterativ wird so die Präzision des Trends verbessert. Der erste Trend sowie das Ergebnis nach vier Kalman-Filterungen ist in Bild 77 dargestellt.

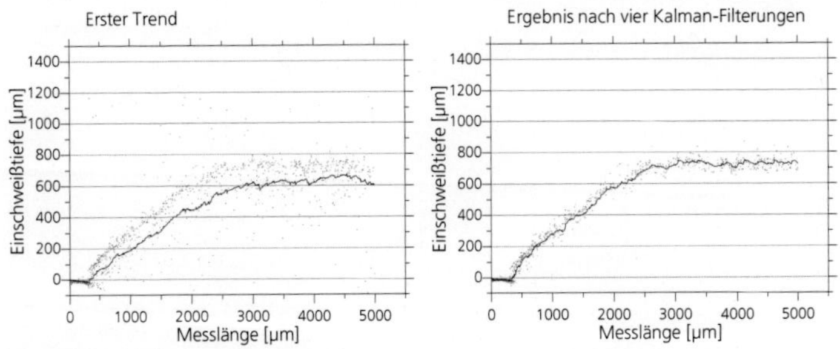

Bild 77:
Trendkurve nach der ersten (links) und letzten (rechts) Kalman-Filterung

P_L = 300 W
v_f = 100 mm/s

[HOL20c]

Die Anwendung der erarbeiteten Prozedur zur Datenverarbeitung auf die Messdaten in Bild 75 führt zu den errechneten Graphen in Bild 78. Insbesondere die Abweichungen im unteren Bild bei Verwendung der Perzentile sind verschwunden. Schwierigkeiten sind im anfänglichen Bereich der Schweißung zu sehen, da hier die Berechnung von den fehlenden Daten im Bereich des Wärmeleitungsschweißens beeinflusst wird.

Bild 78:
Vergleich von metallographischer und interferometrisch bestimmter Einschweißtiefe mit Kalman Filterung

P_L = 600 W
v_f = 200 mm/s

[HOL20c]

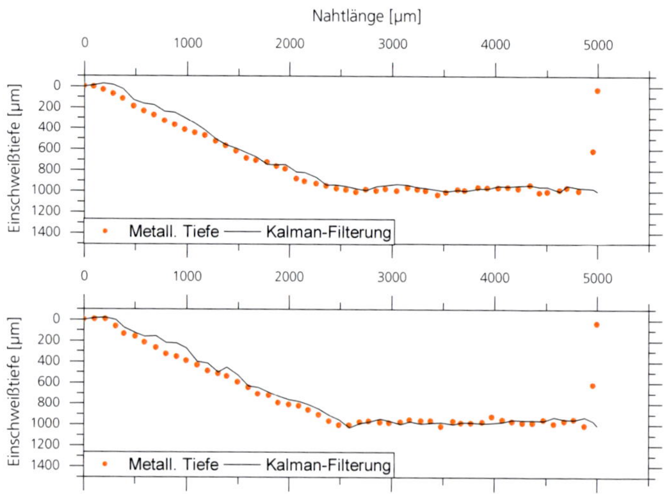

Für den Vergleich der Filter-Methoden werden die interferometrisch bestimmten Einschweißtiefenverläufe auf die maximale Einschweißtiefe der metallographischen Auswertung normiert. Der Vergleich der Abweichungen von der metallographischen Einschweißtiefe erlaubt dann eine Bewertung der Filter-Methoden. Die Bereiche des Wärmeleitungsschweißens werden hierbei nicht berücksichtigt, da sie große Abweichungen enthalten, die die Werte stark beeinflussen würden. Die Mittelwerte der normierten Abweichungen abhängig von der Filterung sind in Bild 79 dargestellt.

Bild 79
Mittelwert der normierten Abweichung von metallographisch und interferometrisch bestimmter Einschweißtiefe

[HOL20c]

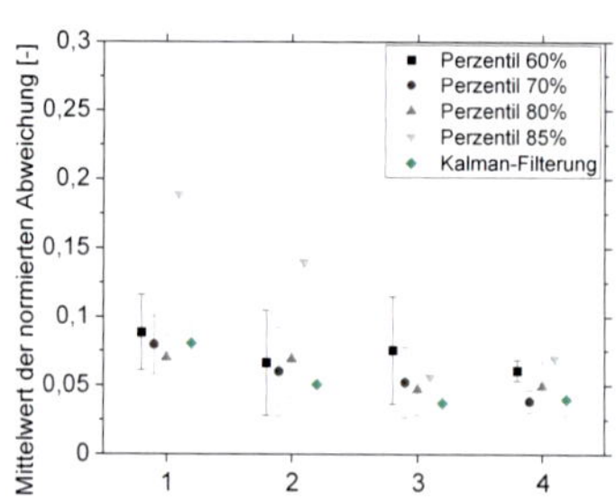

1
P_L = 150 W
v_f = 50 mm/s

2
P_L = 300 W
v_f = 100 mm/s

3
P_L = 450 W
v_f = 150 mm/s

4
P_L = 600 W
v_f = 200 mm/s

Auffallend ist, dass die Ergebnisse mit Kalman-Filterung bei den untersuchten Versuchsparametern insgesamt stabiler sind und im Mittel unterhalb von 7,5% Abweichung liegen. Einzelne Schweißungen können jedoch auch mit der Perzentil-Filterung mit nur geringen Abweichungen abgebildet werden. Insbesondere bei den langsameren Geschwindigkeiten ist ein Anstieg der Abweichungen der Kalman-Filterung zu erahnen. Die Reproduzierbarkeit und Abhängigkeit der Schweißparameter bieten Fragestellungen für weitere Untersuchungen. [HOL20c]

6.2.2 Analyse und Diskussion des OCT-Signals mit örtlicher Leistungsmodulation[7]

Der Einsatz der örtlichen Leistungsmodulation stellt eine weitere Herausforderung für die prozessbegleitende Einschweißtiefenmessung dar. Zum einen führen die höheren Bahngeschwindigkeiten aufgrund der Oszillationsbewegung zu einer erhöhten Fehlerrate bei der Messung. Zum anderen besitzt die Einschweißtiefenmessung entlang der Bahn eine höhere Schwankung. Dies entsteht durch die variierende Bahngeschwindigkeit sowie das Überschweißen von vorgewärmten Bereichen während der rückläufigen Phase der Oszillation. Die Unterschiede in der Bahngeschwindigkeit führen zu einer Einschweißtiefendifferenz orthogonal zur Schweißrichtung. Auf der Seite der geringeren Bahngeschwindigkeit ist die Einschweißtiefe entsprechend höher, vgl. Kapitel 2.3. Durch die Überlappung der Oszillationsbewegungen wird in der rückläufigen Bewegung bereits erwärmtes Material erneut bearbeitet, sodass hier aufgrund vorhandener Wärmeenergie eine erhöhte Einschweißtiefe auftritt. Bei Betrachtung der Energieeinkopplung sind dadurch periodische Schwankungen in der Messung zu beobachten [HÄU21, S. 62-67]. Analog besitzt auch die Einschweißtiefenmessung mit örtlicher Leistungsmodulation periodische Schwankungen. Aufgrund der örtlichen Leistungsmodulation ergeben sich weitere Unterschiede beim Messen der Einschweißtiefe im Vergleich zum konventionellen Schweißen, siehe Tab. 17.

[7] Die Kapitel 6.2.2 und 6.2.3 enthalten Ergebnisse der Masterarbeit von Katrin Koppe: *Prozessdatenanalyse mittels in-situ Einschweißtiefensensorik beim Laserstrahl-Mikroschweißen.* Angefertigt am 05.10.2021. Betreuender Professor: Prof. Dr.-rer. nat. Constantin Häfner; wissenschaftlicher Betreuer: Sören Hollatz M.Sc. – RWTH Aachen University

Tab. 16: Unterschiede beim Messen der Einschweißtiefe mit und ohne örtlicher Leistungsmodulation

Eigenschaft in Bezug zur Einschweißtiefen-messung	Konventionelles Schweißen	Schweißen mit örtlicher Leistungsmodulation
Signalschwankungen	Prozessbedingt	Prozessbedingt + periodisch
Messstrecke	entspricht der Schweißnahtlänge	Entspricht nicht der Schweißnahtlänge
Metallographische Validierung	Entlang Messstrecke möglich	Nicht entlang der Messstrecke möglich
Messung entspricht tatsächlicher Einschweißtiefe	ja	Nein

Beim konventionellen Schweißen entspricht die Messstrecke auch der Schweißnahtlänge und eine metallographische Validierung ist mittels Längsschliff möglich. Da beim Schweißen mit örtlicher Leistungsmodulation die Einschweißtiefe auf der Bahn gemessen wird, entsteht ein Unterschied zwischen der im Längsschliff ermittelten Einschweißtiefe und der OCT-Messung. Darüber hinaus ist der Verlauf der mit dem OCT System gemessenen Einschweißtiefe nicht die Einschweißtiefe der endgültigen Schweißnaht. Die Überlappung der Oszillationsbewegung erzeugt ein mehrmaliges Aufschmelzen derselben Bereiche. Bei Betrachtung der Messungen müssen also die niedrigsten Messwerte in der realen Schweißnaht nicht vorhanden sein. Eine Synchronisation von Messwert und Scannerposition auf der Bahn ist somit erforderlich, um die Einschweißtiefe zu bewerten. Die verwendeten Messsysteme geben eine Einschweißtiefe über der Messstrecke bzw. der Zeit aus. Das Messsystem wird synchron zum Laser getriggert. Jedoch besteht eine Verzögerung zwischen Scanner, Laser und OCT-Messsystem. Dennoch können die Signale so aufbereitet werden, dass lediglich ein Versatz zwischen den Signalen besteht und eine Synchronisation basierend auf Ergebnissen der Literatur möglich ist.

Der erste Schritt ist hierbei die Aufbereitung der Messdaten für die Einschweißtiefe. Aufgrund der zuvor angesprochenen Messfehler besitzt der Messchrieb Lücken, welche bei der Überlagerung mit der Scannerbewegung zu Fehlern führen kann. Mittels Interpolation (Spline Interpolation mit der Ordnung $k = 1$) werden äquidistante Messpunkte erzeugt. Zum Glätten der Interpolation wird eine Savitzky-Golay Filter verwendet. Damit werden die Datenpunkte eines Filterfensters an eine Polynomfunktion angepasst. Der Filter eignet sich besonders bei verrauschten Messdaten [LUO05]. Die Rohmessdaten, gemessen mit Anlage 2 gemäß Tab. 15 und die resultierende geglättete Messkurve sind beispielhaft in Bild 80 dargestellt.

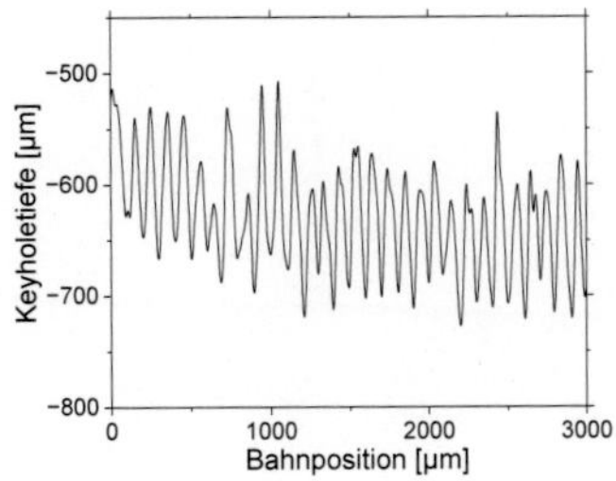

Bild 80:
Interpolation und Glättung der Dampfkapillarmessung

P_L = 530 W
v_f = 100 mm/s
A_s = 0,1 mm
f_s = 1000 Hz

Da das verwendete Scansystem keine Positionsdaten ausgeben kann, ist ein Abgleich der Ist- und Soll- Position nicht möglich. Die Messungen mit einer positionssensitiven Diode erfüllten nicht die notwendige Genauigkeitsanforderungen. Bei Übertragung in den Frequenzbereich mittels Fast-Fourier-Transformation besitzt die geglättete Kurve ein Peak-Frequenz bei 1000 Hz. Dies entspricht der verwendeten Oszillationsfrequenz. Das resultierende dreidimensionale Bild der Schweißnaht sowie die Analyse werden im folgenden Kapitel anhand einer Aluminium-Kupfer-Verbindung dargestellt.

6.2.3 Untersuchung der Einschweißtiefe bei Aluminium-Kupfer-Verbindungen

Bei der Verwendung der Einschweißtiefensensorik auf Aluminium-Kupfer-Verbindungen ist eine Validierung der Messungen notwendig. Dafür kann beim konventionellen Schweißen ein Längsschliff durch die Schweißnaht untersucht werden. Aufgrund des sinusförmigen Signals und der überlappenden Schweißbahn ist dies mit örtlicher Leistungsmodulation deutlich erschwert. Im Folgenden wird eine Validierung des Messergebnisses anhand eines Längsschliffs sowie einer dreidimensionalen Darstellung der Einschweißtiefe und entsprechenden Querschliffen vorgenommen.

Ein Ausschnitt der Messwerte und der zugehörige Längsschliff sind in Bild 81 dargestellt. Neben den sinusförmigen Schwankungen des Messsignals ist auch eine Schwankung in der Einschweißtiefe der metallographisch präparierten Schweißnaht zu erkennen. Sichtbar ist jedoch in diesem Fall die Grenze der Durchmischung. Die Einschweißtiefe im Kupfer kann in diesem Fall höher sein.

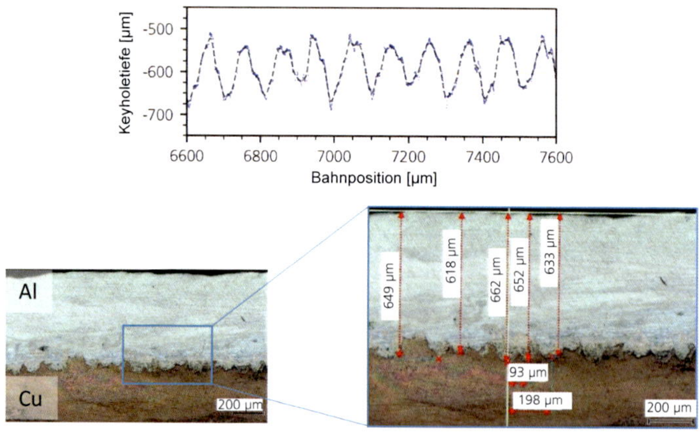

Bild 81:
Ausschnitt einer Dampfkapillarmessung mit örtlicher Leistungsmodulation und zugehöriger metallographischer Längsschliff

P_L = 530 W
v_f = 100 mm/s
A_s = 0,1 mm
f_s = 1000 Hz

Die Positionen mit der höchsten Einschweißtiefe entsprechen der Spur des Lasers. Der Abstand beträgt in etwa 100 µm. Die gemessenen Tiefen sind der Messung nicht eindeutig zuzuordnen. Dies liegt auch in der unbekannten y-Position der Messung. Die gemessenen Werte entsprechen nicht den Messwerten in der Schliffebene, sondern sind entlang der Bahnbewegung aufgenommen.

Für eine tiefergehende Analyse der Einschweißtiefe kann nach Kapitel 6.2.2 eine dreidimensionale Darstellung der Einschweißtiefenmessung erzeugt werden. In Bild 82 ist dies für einen Ausschnitt der Schweißnaht durchgeführt. Die Schweißnaht ist zur besseren Sichtbarkeit gedreht, sodass der gemessene Nahtgrund untersucht werden kann. Diese Darstellung ermöglicht die Analyse der Einschweißtiefenkonstanz und möglicher Kompensationsmethoden.

Bild 82:
3D-Darstellung der gemessenen Dampfkapillartiefe entlang der oszillierenden Bahn

P_L = 530 W
v_f = 100 mm/s
A_s = 0,1 mm
f_s = 1000 Hz

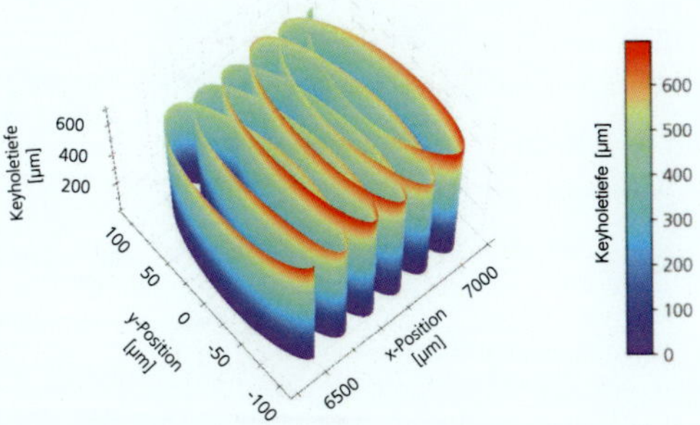

Auffallend ist in diesem Beispiel die Asymmetrie der Einschweißtiefe. Diese folgte entsprechend der schwankenden Streckenenergie. Der Vergleich mit dem zugehörigen Querschliff bestätigt qualitativ die Asymmetrie der Einschweißtiefe, siehe Bild 83.

Bild 83:
Validierung der asymmetrischen Einschweißtiefe im Querschliff

P_L = 530 W
v_f = 100 mm/s
A_s = 0,1 mm
f_s = 1000 Hz

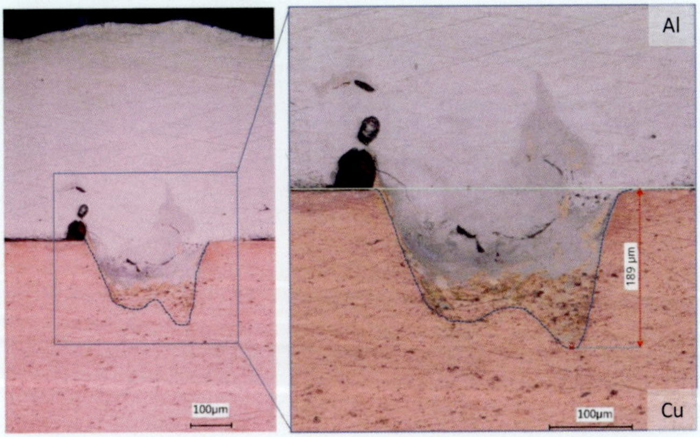

Insgesamt kann die Messung der Einschweißtiefe beim Schweißen von Aluminium-Kupfer-Verbindungen als auch mit örtlicher Leistungsmodulation in einer ersten Machbarkeitsuntersuchung ermöglicht werden. Der quantitative Vergleich der gemessenen zur realen Einschweißtiefe unterliegt einigen Herausforderungen bzw. Fehlerquellen. Neben Messfehlern auf Grund der hohen Bahngeschwindigkeit, erschwerter Vergleichbarkeit mit metallographischen Untersuchungen hat auch die metallographisch schwierige Bestimmung der Einschweißtiefe im Kupfer einen Einfluss. Dennoch kann mit Hilfe der Einschweißtiefenmessung eine dreidimensionale Abbildung der Schweißnaht erzeugt werden, um Prozessverlauf und Parameter zu vergleichen.

6.3 Bewertung und Ausblick zur Fähigkeit der OCT-Systeme beim Laserstrahl-Mikrofügen

Das Laserstrahl-Mikrofügen bietet für den Einsatz von OCT-Systemen zusätzliche Herausforderungen im Vergleich zum konventionellen, makroskopischen Laserstrahlfügen. Kleine Laserstrahldurchmesser, Einsatz von Scansystemen und die Verwendung einer örtlichen Leistungsmodulation führen zu einer erhöhten Zahl an Messfehlern. Dennoch kann die grundlegende Einsatzfähigkeit beim Mikrofügen von Aluminium-Kupfer-Verbindungen gezeigt werden. Die zerstörungsfreie Messung und die Reduktion von metallographischen Analysen sind hierbei die Hauptvorteile beim Einsatz dieser Technologie. So kann eine dreidimensionale Darstellung der Einschweißtiefe erzeugt werden, welche sonst nur durch eine Vielzahl paralleler metallographischen Schliffe, wie in [HAE17a], erstellt werden kann. Der Aufwand im Bereich der Prozessentwicklung und Grundlagenforschung bei der Untersuchung der Einschweißtiefe kann dadurch maßgeblich reduziert werden. Für die Untersuchung der örtlichen Leistungsmodulation und der auftretenden Asymmetrie im Querschliff, bieten die optische Kohärenztomographie eine Möglichkeit zur Evaluation möglicher Kompensationsmethoden. Hierbei kann zum Beispiel eine zeitliche Modulation der Laserleistung vorgenommen werden.

Für die Prozessüberwachung in der Produktion bietet die Einschweißtiefe den Vorteil einen absoluten Messwert zu erhalten. Beim Schweißen von Aluminium-Kupfer-Verbindungen besteht somit die Möglichkeit die qualitätsentscheidende Größe, die Einschweißtiefe, direkt zu bestimmen. Bei Überlappverbindungen kann so ein Einschweißen in den unteren Fügepartner gewährleistet werden. Andere Systeme basierend auf der Analyse von Prozessstreustrahlung, z.B. mit Hilfe eines Spektrometers in Kapitel 6.4, benötigen Referenzmessungen und können somit nur vergleichend eingesetzt werden. Nachteilig zu bewerten sind hohe Investitionskosten und eine geringe Nachrüstbarkeit in bestehende Produktionsanlagen. Der Einsatz der OCT System erfordert in der Regel die Nutzung dafür ausgelegter Scansysteme und Optiken.

Für die weitere Untersuchung mit Hilfe von OCT-Systemen ist die Synchronisation von Scanner und Messung essenziell. Darauf aufbauend besteht die Möglichkeit die Einschweißtiefe mit dem System prozessbegleitend zu regeln. Zur Einstellung der Einschweißtiefe kann die Laserleistung genutzt werden. Aktuell besteht hier die Herausforderung die Totzeit zwischen Messwertaufnahme,- Signalausgabe und Regelung der Laserleistung zu reduzieren. Denkbar ist hier auch eine iterative Anpassung der Laserleistung basierend auf der vorangegangenen Messung der Einschweißtiefe. Hiermit kann bei wiederholenden Prozessen die sinusförmigen Schwankungen bei der örtlichen Leistungsmodulation ausgeglichen werden.

6.4 Theoretische Betrachtung und Grundlagen der spektrometerbasierten Bestimmung der Einschweißtiefe[8]

In diesem Kapitel wird die Bestimmung der Einschweißtiefe mithilfe eines Spektrometers untersucht. Ziel der Untersuchung sind die Analyse der Funktionalität dieses Messprinzips und eine Bewertung zur Anwendbarkeit beim Laserstrahlmikroschweißen.

Während des Laserstrahlschweißprozesses entstehen materialcharakteristische Strahlungsemissionen. Diese können mit Hilfe eines Spektrometers detektiert werden. Dieser Ansatz bietet die Möglichkeit in einer Überlappverbindung, das Einschweißen in den unteren Fügepartner zu identifizieren und bei einer Leistungsabhängigkeit des Signals Rückschlüsse auf die Einschweißtiefe zu ziehen. Um den signifikanten Wellenlängenbereich für die Messungen zu identifizieren, werden basierend auf den Parametern der NIST Datenbank [KRA19] und den folgenden Gleichungen die zu erwartenden Linienintensitäten für Aluminium und Kupfer abgeschätzt. Die Gleichung 6.1 beschreibt die abgestrahlte Leistung bei einem Übergang von Zustand k in Zustand i:

6.1 [MAR99]

$$P_{ki} = N_k A_{ki} h v_{ki}$$

P_{ki}: Abgestrahlte Leistung [W]; N_k: Anzahl Atome in Zustand k [-]; A_{ki}: Einsteinkoeffizient [s^{-1}]; h: Plancksches Wirkungsquantum [eV s]; v_{ki}: Frequenz der emittierten Strahlung [s^{-1}]

Für die Abschätzung der relativen Intensität von Emissionslinien werden die Gleichungen 3.3 und 6.1 kombiniert zu:

6.2 nach [GRI05, S. 188-192]

$$P_{ki} = N \frac{g_k}{Z(T)} \cdot e^{-\frac{E_k}{k_B T}} A_{ki} \frac{hc}{\lambda_{ki}}$$

P_{ki}: Abgestrahlte Leistung [W]; A_{ki}: Einsteinkoeffizient [s^{-1}]; h: Plancksches Wirkungsquantum [eV s]; v_{ki}: Linienfrequenz [Hz]; N: Gesamtanzahl Atome [-]; g_k: Entartungsgrad [-]; Z: kanonische Zustandssumme [-]; E_k: Energie oberer Zustand [eV]; c: Lichtgeschwindigkeit [m s^{-1}]; λ_{ki}: Linienwellenlänge [nm]; k_B: Boltzmann-Konstante [eV K^{-1}]; T: Temperatur [K]

Für die Abschätzung werden diskrete Temperaturen T = 2868 K (Verdampfungstemperatur von Kupfer), 7500 K und 15000 K verwendet, um die Temperaturabhängigkeit der Emissionslinien zu betrachten. Die

[8] Die Kapitel 6.4 bis 6.7 enthalten Ergebnisse der Masterarbeit von Stefan Alexander Behrens: *Spektrometerbasierte Untersuchung der Einschweißtiefe beim Laserstrahl-Mikroschweißen von Aluminium-Kupfer-Mischverbindungen*. Angefertigt am 25.05.2020. Betreuende Professoren: Prof. Dr.-rer. nat. Constantin Häfner, Prof. Dr.-rer. nat. Joachim Mayer; wissenschaftlicher Betreuer: Sören Hollatz M.Sc. – RWTH Aachen University

resultierenden Emissionslinien für Kupfer und Aluminium mit den höchsten Intensitäten und deren Eigenschaften sind in Tab. 17 dargestellt.

Tab. 17: Eigenschaften der signifikanten Emissionslinien

Daten aus [KRA19]

Element	Wellen-länge λ_{ki} [nm]	Obere Energie E_k [eV]	Entar-tungsgrad g_k	Einstein-koeffizient A_{ki} [10^7 s^{-1}]
Al I	308,22	4,02	4	5,87
Al I	309,27	4,02	6	7,29
Cu I	324,75	3,82	4	14,0
Cu I	327,40	3,79	2	13,8
Al I	394,40	3,14	2	4,99
Al I	396,15	3,14	2	9,85

Für Kupfer sind dabei zwei Linien bei 325 und 327 nm relevant. Für Aluminium sind bei T = 2868 K die Emissionslinien bei Wellenlängen von 394 und 396 nm stark ausgeprägt. Bei steigender Temperatur nimmt die relative Intensität der Wellenlängen von 308 und 309 nm zu. Resultierend aus diesen Abschätzungen wird für die experimentellen Untersuchungen im Folgenden ein Spektrometer mit einem Wellenlängenbereich von 305 bis 407 nm verwendet.

6.5 Identifikation und Auswahl der materialcharakteristischen Plasmaemissionsspektren

Im Folgenden wird die notwendige Systemtechnik, insbesondere die optischen Eigenschaften von Spektrometer und Laserbearbeitungsanlage, erläutert. Weiterhin werden die Aufbereitung der Messdaten sowie grundlegende Voruntersuchungen dargestellt. Dabei werden die Einflüsse der Position des Spektrometers und des Schutzgases untersucht. Die Funktionalität des optischen Aufbaus und des Messsystems wird anhand von Messungen der materialcharakteristischen Plasmaemissionspektren in artgleichen Schweißungen durchgeführt. Die in der theoretischen Betrachtung identifizierten Emissionslinien werden experimentell verifiziert und eine Auswahl für die weitere Betrachtung getroffen.

6.5.1 Systemtechnik für die spektrometerbasierte Untersuchung

Für die experimentellen Untersuchungen wird ein Single-Mode-Faserlaser der Firma IPG Photonics verwendet. Der Laserstrahl wird nach dem Faserende kollimiert und über einen 2D-Scanner mit f-Theta Optik auf das Bauteil fokussiert. Besonderheiten des Aufbaus liegen im bewegten Bauteilträger und einer 90°-Ablenkung des teilfokussierten Strahls hinter der f-Theta Optik, siehe Anhang Bild 104. Durch den bewegten Bauteilträger ist der Laserstrahl auf der Probe ortsfest. Für die Vorschubbewegung zum Schweißen wird der Bauteilträger mit einer motorisierten Linearachse unter dem Strahl bewegt. Der ortsfeste Laserstrahl ermöglicht eine off-axis Analyse der Emissionsspektren. Die 90°-Ablenkung hinter der f-Theta Optik erhöht die Zugänglichkeit zur Bearbeitungszone für Spektrometer und Beobachtungskameras. Der optische Aufbau und dessen Eigenschaften sind in Tab. 18 zusammengefasst.

Tab. 18: Eigenschaften des optischen Aufbaus

Eigenschaft	**Wert**
Laserstrahlquelle	IPG Photonics YLR-1000-WC
Betriebsmodus	cw; moduliert
Maximale Ausgansleistung $P_{L,max}$ [W]	1000
Wellenlänge λ [nm]	1070
Nominelle Beugungsmaßzahl M^2 [-]	1,05
Kollimatorbrennweite [mm]	70
Scannersystem	Newson A20
Fokussierlinse	Sill Optics S4LFT2163/126
Fokussierbrennweite [mm]	163
90°-Ablenkspiegel	Qioptiq DHLS NIR 1064 nm

Der resultierende Strahlradius im Fokus w_0 beträgt 22,6 µm bei einer Rayleighlänge z_R von 1,02 mm. Die Werte basieren auf Messungen mit einem Primes MicroSpotMonitor.

Auf Grundlage der theoretischen Betrachtung in Kapitel 6.4 wird ein Spektrometer im Wellenlängenbereich von 305-407 nm verwendet. Ein kleiner verwendeter Spalt von 10 µm Breite ermöglicht eine hohe spektrale Auflösung auf Kosten der Sensitivität. Die weiteren Eigenschaften des Spektrometers sind in Tab. 19 dargestellt.

Tab. 19: Eigenschaften des Spektrometers

[AVA21]

Eigenschaft	Wert des Spektrometers
Hersteller	Avantes
Modellbezeichnung	AvaSpec ULS2048CL-EVO
Gitter [mm^{-1}]	2400 (UE)
Wellenlängenbereich [nm]	305 bis 407
Blazewellenlänge	UV
Spaltbreite [µm]	10
Pixel	2048 (nicht alle nutzbar)
Durchschnittliche Wellenlängendifferenz pro Pixel [pm]	54,2
Auflösungsvermögen FWHM [nm]	0,09 bis 0,13
Minimale Integrationszeit [µs]	9
Minimale Messzeit [ms]	0,38
Sensortyp	CMOS
Langpass-Filter (2te Ordnung Filter)	Ja; 305 nm (OSF-305)
Detektor Sammellinse	Ja (DCL-UV/VIS-200)

Die Optik des Spektrometers besteht aus zwei Linsen und einem dazwischen liegenden Filter. Mit der ersten Linse wird die emittierte Strahlung der Prozesszone kollimiert. Der verwendete Filter schützt die zweite Linse und die Glasfaser des Spektrometers vor reflektierter Laserstrahlung. Mit der zweiten Linse wird das Prozessleuchten in die Faser des Spektrometers eingekoppelt. Bei der Auslegung der Optik ist insbesondere die erste Linse, nah an der Prozesszone gelegen, relevant. Hierbei hilft eine große Eingangsapertur, um möglichst viel der diffusen Strahlung in das Spektrometer zu führen. Eine kleine Brennweite und damit eine geringe Entfernung von der Fügezone sind ebenfalls förderlich für die Signalstärke. Limitiert sind beide Einflussfaktoren durch die Zugänglichkeit des Laserstrahls, der nicht abgeschattet werden darf. Eine örtliche Nähe zur Prozesszone kann weiterhin zur Verschmutzung der ersten Linse und somit zu einer Beeinflussung der Messungen führen. In Bild 84 sind die 1-Zoll-Linsen im Tubus sowie die Ausrichtung zur Schweißzone dargestellt.

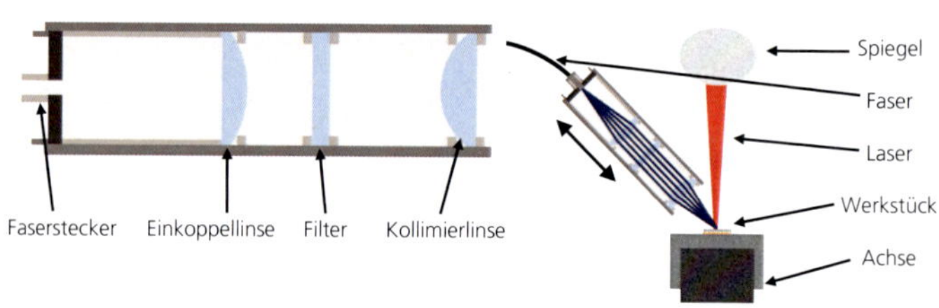

Bild 84: Aufbau der Optik und Ausrichtung zur Prozesszone

Die ausgewählten Linsen besitzen Brennweiten von 35 mm (Kollimierlinse) und 50 mm (Einkoppellinse). Die Quarzlinsen sind mit einer Antireflexbeschichtung für einen Wellenlängenbereich von 245 - 400 nm beschichtet. Die optischen Eigenschaften der Linsen und des Filters sind im Anhang Bild 105 dargestellt.

6.5.2 Datenaufbereitung

Das Spektrometer misst über die gesamte Schweißdauer Intensitäten in Abhängigkeit der Wellenlänge. Erste Messungen zeigen dabei ein Grundrauschen, welches die Sichtbarkeit der Emissionspeaks beeinträchtigt. Zur Reduzierung dieses Einflusses wird die Intensität des Hintergrunds von der Messung subtrahiert. Diese bereinigten Daten werden dann für die weitere Auswertung herangezogen.

Die Bestimmung der Hintergrundintensität erfolgt über eine verlängerte Messdauer nach abgeschlossenem Schweißprozess. Durch Mittelung über die Zeit, ergibt sich eine wellenlängenabhängige Hintergrundintensität. Der Vergleich zwischen Rohdaten und bereinigten Daten einer Aluminiumschweißnaht ist in Bild 85 dargestellt. Da die Daten über der Wellenlänge aufgetragen sind, ist nicht der zeitliche Verlauf, sondern eine Momentaufnahme bei t = 200 ms dargestellt.

Bild 85:
Vergleich der Rohdaten und bereinigten Daten

Al auf Al
T_{int} = 1 ms
P_L = 400 W
v_f = 50 mm/s

Messung bei
t = 200 ms

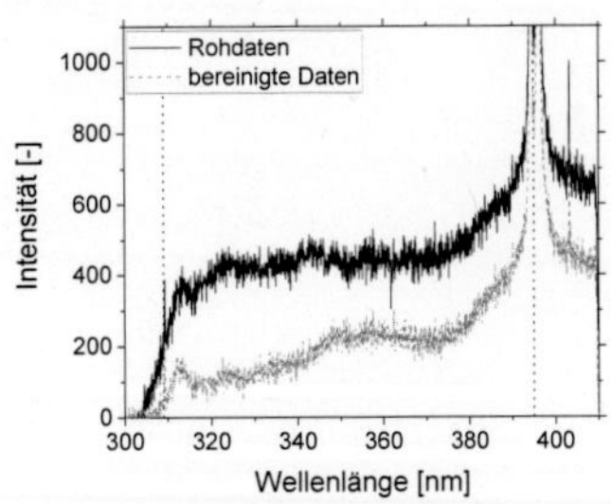

Im Diagramm sind sowohl ein Peak bei ca. 309 nm als auch bei ca. 395 nm zu erkennen (Strichlinie). Diese Werte entsprechen den Ergebnissen der theoretischen Betrachtung in Kapitel 6.4. Sichtbar ist ein großer Unterschied in der Intensität der Peaks. Eine genauere Analyse findet im folgenden Kapitel 6.5.3 statt.

6.5.3 Identifikation der charakteristischen Emissionspektren von Kupfer und Aluminium

Zur weiteren Untersuchung der auftretenden Emissionslinien werden Untersuchungen in artgleichen Verbindungen mit der maximal einstellbaren Integrationszeit durchgeführt. Dadurch können möglichst viele Peaks detektiert und mit der Datenbank des NIST [KRA19; SAN03] verglichen werden. In Bild 86 sind die theoretischen Emissionslinien von Aluminium mit senkrechten Linien markiert. An diesen Wellenlängen sind in der Messung entsprechende Peaks sichtbar. Die weiteren Peaks gehören zu Legierungselementen im Werkstoff. Nach dem Werkstoffdatenblatt können die Elemente Eisen, Magnesium, Mangan und Titan in Al99,5 enthalten sein [SPI11].

Bild 86:
Emissionslinien in Al99,5

Theoretische Emissionslinien entnommen aus NIST Datenbank [KRA19; SAN03]

bereinigte Daten

Al auf Al
T_{int} = 50 ms
P_L = 400 W
v_f = 50 mm/s

Messung bei
t = 201 ms

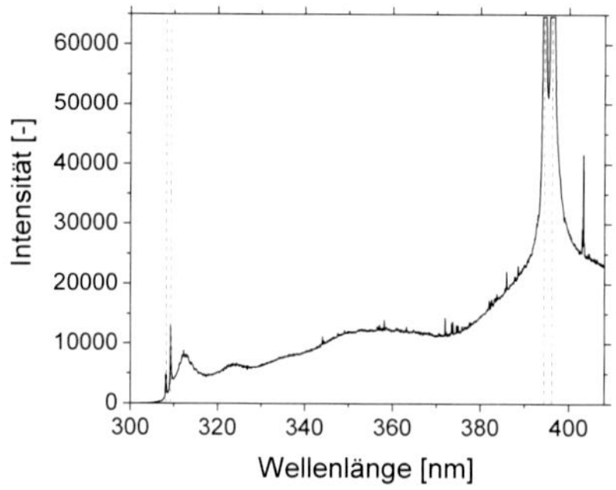

Eine entsprechende Messung für Kupfer bestätigt ebenfalls die theoretischen Emissionslinien im Bereich von 324 bis 327 nm, siehe Bild 87. Die gemessenen Emissionslinien stimmen mit den theoretischen Werten überein. Die weiteren Legierungselemente Sauerstoff und Blei, die in Cu-ETP enthalten sein können, besitzen im hier betrachteten Wellenlängenbereich keine ausgeprägten Emissionslinien.

Bild 87:
Emissionslinien in Cu-ETP

Theoretische Emissionslinien entnommen aus NIST Datenbank [KRA19; SAN03]

bereinigte Daten

Cu auf Cu
T_{int} = 50 ms
P_L = 400 W
v_f = 50 mm/s

Messung bei
t = 201 ms

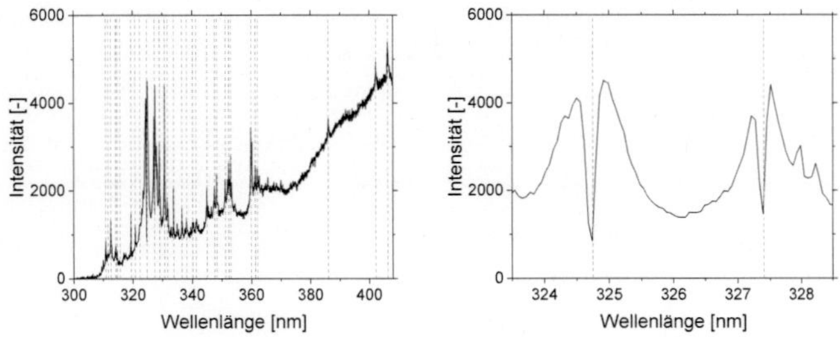

Im skalierten Diagramm rechts ist ein Einfall des Peaks am vermeintlichen Maximum sichtbar. Die Position der Minima stimmt mit den theoretischen Intensitätsmaxima bei 324,7 und 327,4 nm überein. Dieser Effekt ist durch Selbstabsorption, wie in Kapitel 3.3 beschrieben, zu erklären.

6.5.4 Einfluss der Positionierung der Spektrometeroptik

Da das Spektrometer nicht koaxial zum Laserstrahl misst, ist die Positionierung entscheidend für reproduzierbare Messungen. Dafür werden Punktschweißungen auf Aluminium mit verschiedenen Positionierungen vermessen. Die Spektrometeroptik wird dafür in 50 µm Schritten in x- und y-Richtung gemäß Bild 88 verschoben.

Bild 88:
Koordinatensystem zur Verschiebung der Spektrometeroptik

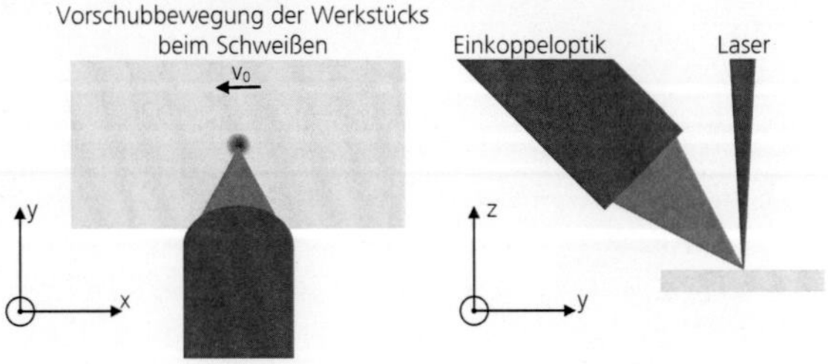

Für die Auswertung werden die Intensitätsmaxima in zwei Wellenlängenbereichen genutzt. Dabei wird nur die zeitlich erste Messung jedes Schweißpunkts betrachtet, da in diesem ein zusätzlicher Intensitätspeak bei 358,7 nm sichtbar ist. Diese Emissionslinie ist auf einfach ionisiertes

Aluminium Al I zurückzuführen. Bei den weiteren Messwerten des Schweißpunkts ist dieser Peak nicht mehr zu erkennen. Ursache dieses Phänomens ist die Einkopplung der Laserstrahlung in das Werkstück. Dabei wird die Laserleistung zunächst an der Oberfläche absorbiert bis eine Dampfkapillare entsteht und die Laserstrahlung in der Tiefe des Werkstücks absorbiert wird. Eine mögliche Erklärung ist, dass sich der Metalldampf mit der höchsten Temperatur zu Beginn der Schweißung von der Oberfläche, in die sich ausbildende Dampfkapillare verschiebt. Eine vergleichbare Hypothese wird auch von [SIB10] aufgestellt.

Für die Auswertung der Position wird das Maximum der Al I Peaks bei 394-396 nm und das Maximum bei 358,7 nm berücksichtigt. An jeder Position werden zehn Schweißpunkte gesetzt. Die Parameter sind in Tab. 20 aufgelistet.

Tab. 20: Parameter für die Positionsabhängigkeit der Spektrometeroptik

Eigenschaft	**Wert**
Laserleistung P [W]	345
Pulslänge T_{Puls} [ms]	1
Messbereich x [µm]	750
Messbereich y [µm]	1250
Positionsänderung Laser Δd_x, Δd_y [µm]	50
Anzahl Messpunkte pro Position	10
Abstand Messpunkte [mm]	1
Material	0,5 mm Al auf 0,5 mm Al
Messmodus Spektrometer	Einzelmessung
Integrationszeit T_{Int} [µs]	100

Die Ergebnisse der Messungen sind für die x- und y-Richtung in Bild 89 dargestellt. Der Nullpunkt entspricht der Ausgangsposition der Spektrometeroptik, die mit Hilfe eines Positionierlasers auf den Schweißpunkt ausgerichtet ist.

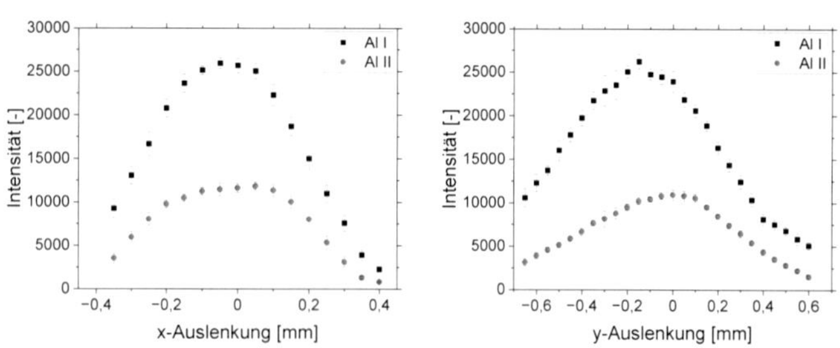

Bild 89: Ergebnisse der Positionsuntersuchung der Einkoppeloptik

Die Verschiebung in x-Richtung hat dabei ein symmetrisches Verhalten der Intensitäten hervorgerufen. Die Intensitätsmaxima der Al I und Al II Werte befinden sich an derselben Position. Dieses Ergebnis wird durch die Symmetrie des Aufbaus in x-Richtung gestützt. Für die weiteren Versuche wird eine Position bei x = -0,025 mm verwendet.

In y-Richtung ist kein symmetrisches Verhalten erkennbar. Die Maxima der beiden Emissionslinien liegen zudem ca. 150 µm versetzt und die Intensitäten fallen in positiver y-Richtung schneller als in negativer. Zurückzuführen ist dieses Verhalten auf die Asymmetrie des Aufbaus in dieser Richtung. In Bild 90 sind drei Positionen der Spektrometeroptik dargestellt.

Bild 90: Messpositionen in y-Richtung

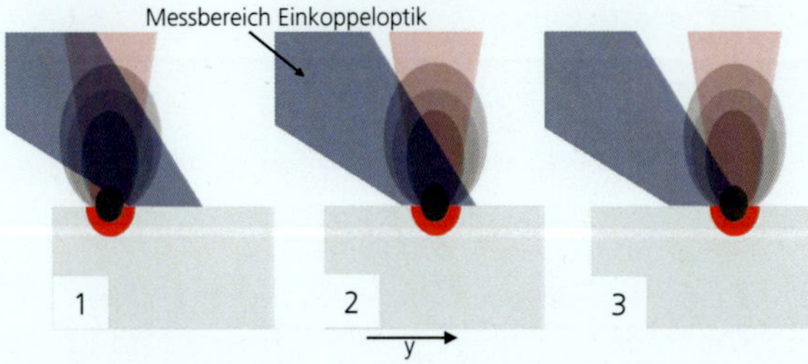

Durch die 45°-Neigung der Spektrometeroptik deckt der Messbereich der Optik je nach Position verschiedene Bereiche des Metalldampfes ab. Im ersten Fall deckt der Messbereich den ausströmenden Metalldampf der Bearbeitungszone ab. Der heißeste Bereich, nahe der Interaktionszone von Oberfläche und Laserstrahl, ist nicht sichtbar. Bei Verschiebung zu Position 2 wird der heißeste Bereich des Metalldampfes erreicht, bis bei Position 3 und darüber hinaus nur ein kleiner Teil des Metalldampfes und der Interaktionszone im Messbereich der Optik liegt. Mit zunehmendem Abstand von der Interaktionszone nimmt die Temperatur des Metalldampfes ab. Der Bereich mit höchster Temperatur wird insbesondere durch das Auftreten der Emissionslinien des ionisierten Aluminiums Al II gekennzeichnet. Für die folgenden Versuche wird deshalb die Position des Maximums von Al II verwendet.

6.5.5 Datenverarbeitung

Für die Auswertung des zeitlichen Verlaufs der Messwerte ist eine weitere Aufbereitung der Daten notwendig, um das auftretende Rauschen zu reduzieren. Die vom Hintergrundrauschen bereinigten Daten werden mit Hilfe eines gleitenden Mittelwerts über fünf zeitliche Aufnahmen geglättet. Mit zunehmender Fensterbreite nimmt die zeitliche Auflösung ab. Ein Wert von fünf hat dabei bereits eine signifikante Verringerung des Signalrauschens bewirkt. Da die Intensitätsspitzen der Kupferemission als Maß für die Einschweißtiefe im Kupfer dienen sollen, werden die Intensitätsspitzen an ein Pseudo-Voigt-Profil angepasst. Dadurch können Schwankungen in der Linienbreite ausgeglichen werden. Zusammenfassend werden die Daten in folgenden drei Schritten aufbereitet:

1. Bereinigung der Hintergrundintensität → bereinigte Daten

2. Bildung eines gleitenden Mittelwertes (Fensterbreite beträgt fünf Messungen) → geglättete Daten

3. Anpassung eines Pseudo-Voigt-Profils an das Intensitätsprofil bei 324,7 nm für jeden Zeitschritt → Auswertesignal

Basierend auf diesem Vorgehen werden in Kapitel 6.6 experimentelle Untersuchungen durchgeführt. Die analysierten Daten entsprechen, sofern nicht anders beschrieben, dem genannten Vorgehen.

6.6 Experimentelle Untersuchung von Überlappverbindungen mit Spektrometrie

Ziel der experimentellen Untersuchung ist die Überprüfung der Funktionalität des Aufbaus und die Beurteilung der Fähigkeit des Systems, Einschweißtiefen zu messen. Dafür werden die grundlegenden Parameter aus Tab. 21 verwendet.

Tab. 21: Parameter für die experimentelle Untersuchung von Überlappverbindungen mit Spektrometrie

Eigenschaft	Wert
Laserleistung P [W]	400
Vorschubgeschwindigkeit v_f [mm/s]	50
Örtliche Leistungsmodulation	Nein
Schutzgas	Nein
Wiederholungen	3
Material	0,5 mm Al99,5 auf 0,5 mm Cu-ETP
Integrationszeit T_{Int} [ms]	0,5

Im Folgenden werden einzelne Parameter variiert und ihr Einfluss auf die Messergebnisse untersucht. Ausgewertet werden dafür die Messwerte der Kupferemissionslinien. Variiert werden die Laserleistung, maßgeblich für die resultierende Einschweißtiefe, die Vorschubgeschwindigkeit und der Einfluss einer örtlichen Leistungsmodulation und der damit verbundenen hochdynamischen Bewegung des Laserstrahls auf dem Bauteil. Für die Betrachtung des Einschweißens in den unteren Fügepartner (Kupfer) und das Durchschweißen beider Fügepartner werden in einer weiteren Untersuchung Leistungsrampen verwendet.

6.6.1 Einfluss der Laserleistung auf die Messwerte

Die Einschweißtiefe beim Laserstrahlschweißen ist insbesondere abhängig von der verwendeten Laserleistung. Im Überlappstoß muss in diesem Fall zunächst das obenliegende Aluminium durchdrungen werden, damit ein Peak der Kupferemissionslinien gemessen wird. Als Hypothese wird die Abhängigkeit der Signalintensität vom Volumen des verdampften Kupfers vorangestellt. Für die Überprüfung dieser Hypothese sind in Bild 91 die Signale von Schweißungen mit veränderter Laserleistung dargestellt. Für jeden Parametersatz sind die Signale bei 324,7 nm von drei Schweißungen (V1, V2 und V3) über der Zeit aufgetragen.

Bild 91:
Zeitverlauf des Signals bei variierter Laserleistung

λ = 324,7 nm

v_f = 50 mm/s

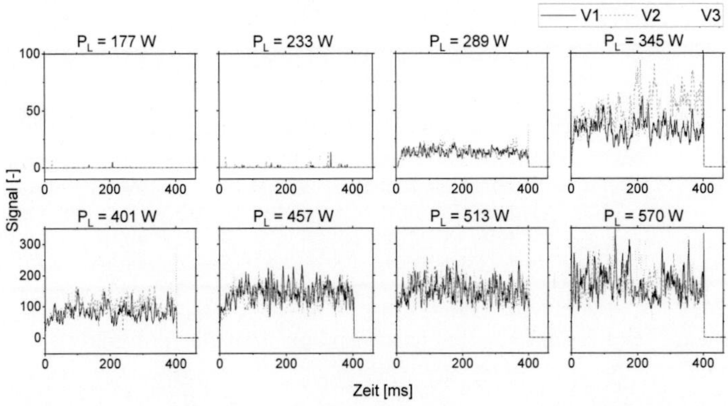

Auffällig sind die wenigen vereinzelten Signalspitzen bei 177 W und 233 W. Durch Steigerung der Laserleistung wird bei 289 W ein kontinuierliches Signal der Kupferemissionslinie gemessen. Durch weitere Steigerung der Laserleistung nimmt auch der mittlere Wert des Signals zu, wenn auch mit starken Schwankungen behaftet. Hierbei ist zu beachten, dass die Skalierung der oberen und unteren Diagramme in Bild 91 angepasst ist.

Die Mittelwertbildung und ein Auftragen über der Laserleistung verdeutlicht die Abhängigkeit des Signals von der Laserleistung, siehe Bild 92. Aufgetragen sind die gemittelten Werte und die Standardabweichung von jeweils drei wiederholenden Versuchen.

Bild 92:
Gemitteltes Spektrometersignal bei variierter Laserleistung

λ = 324,7 nm
v_f = 50 mm/s

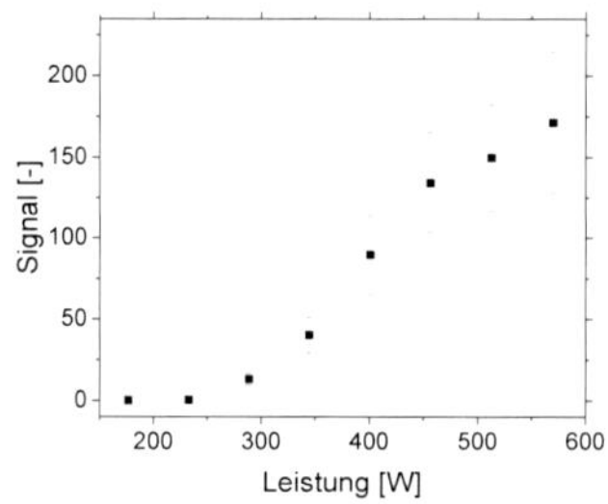

Im Bereich bis 457 W ist ein Anstieg des Signalpegels zu erkennen. Bei weiterer Steigerung der Laserleistung flacht die Kurve ab. Dies kann auf das vollständige Durchdringen des Kupfermaterials ab 513 W zurückzuführen sein. Beim Durchschweißen ist die Dampfkapillare nach unten hin geöffnet und der Anstieg an verdampftem Material ist geringer. Weiterhin entsteht durch die Öffnung der Dampfkapillare auf der Bauteilunterseite auch die Möglichkeit, dass verdampftes Material nach unten austritt und nicht vom Spektrometer detektiert wird. Insgesamt lässt sich eine Abhängigkeit des Signalniveaus von der Laserleistung feststellen. Die Messungen sind jedoch mit großen Schwankungen behaftet.

6.6.2 Einfluss der Vorschubgeschwindigkeit auf die Messwerte

Bei der Variation der Vorschubgeschwindigkeit mit konstanter Laserleistung besteht ein schwächerer Einfluss auf die Einschweißtiefe. Dies wird auch in den Messwerten des Signals sichtbar, siehe Bild 93. Für alle Parametersätze ist ein sicheres Einschweißen in das Kupfer gegeben. Durch eine geringere Vorschubgeschwindigkeit steht dem Prozess mehr Energie zur Verfügung. Die Schweißnähte werden breiter und etwas tiefer, da der Einfluss der Wärmeleitung aufgrund der längeren Einwirkzeit vergrößert wird.

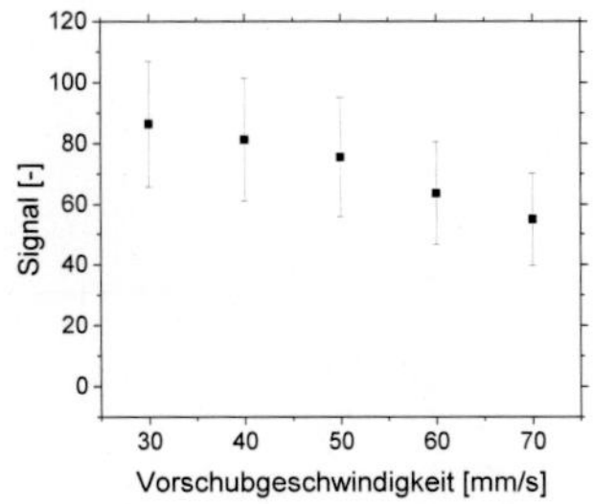

Bild 93:
Gemitteltes Spektrometersignal bei variierter Vorschubgeschwindigkeit

$\lambda = 324{,}7$ nm

$P_L = 400$ W

Ein Einfluss der Vorschubgeschwindigkeit auf die Messsignale ist erkennbar. Die großen Änderungen in der Vorschubgeschwindigkeit bewirken vergleichsweise kleine Änderungen im Messsignal. Zudem sind die Schwankungen im Messsignal groß, so dass Unterschiede zwischen den Ergebnissen der benachbarten Parametersätze nicht aufgelöst werden können.

6.6.3 Einfluss der örtlichen Leistungsmodulation

Bei Einsatz der örtlichen Leistungsmodulation werden Frequenzen im Bereich von 1000 Hz verwendet. Da die zeitliche Auflösung des Spektrometers limitiert ist, ist eine Auflösung der einzelnen Oszillationsbewegungen nicht möglich. Nach dem Nyquist-Shannon-Abtasttheorem muss die Abtastfrequenz mindestens dem doppelten der Frequenz des zu messenden Signals entsprechen. Das Spektrometer wird mit einer Frequenz von 1177,9 Hz betrieben, da mit dieser entsprechenden Belichtungszeit die bestmöglichen Messsignale aufgezeichnet werden. Das Nyquist-Shannon-Theorem wird entsprechend nicht erfüllt. In den bereinigten Messdaten äußert sich das in einem Frequenzrauschen mit 177,2 Hz, also entsprechend der Differenz von Abtastfrequenz und Oszillationsfrequenz, siehe Bild 94.

Bild 94:
Messintensität beim Einsatz der örtlichen Leistungsmodulation

Bereinigte Daten

λ = 324,7 nm

P_L = 400 W
v_f = 50 mm/s
A_s = 0,2 mm
f_s = 1000 Hz

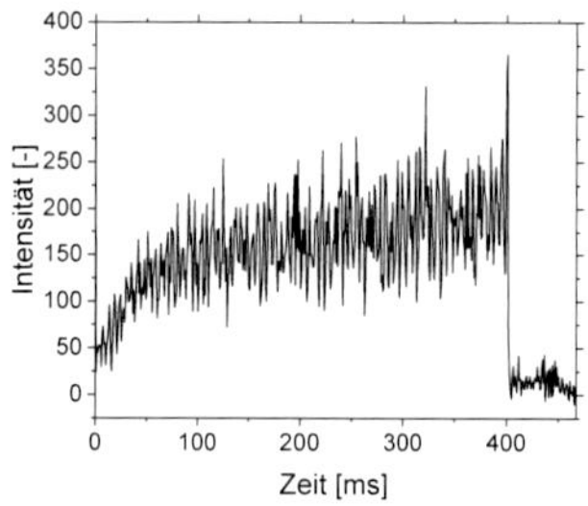

Die auftretenden periodischen Schwankungen können durch Schwankungen in der Bahngeschwindigkeit und damit durch Schwankungen der Einschweißtiefe entstehen. Durch die kreisbahngebundene Bewegung des Laserstrahls und einen globalen Vorschub entsteht bei der kreisförmigen örtlichen Leistungsmodulation eine periodische Schwankung in der Bahngeschwindigkeit. Dieser Unterschied kann auch zu einer Asymmetrie der Einschweißtiefe im Querschnitt führen [HÄU21, S. 71-105]. Zusätzlich wird bei der vorlaufenden Bewegung festes Material aufgeschmolzen, während im rückläufigen Bereich der Laserstrahl mit bereits erwärmtem oder aufgeschmolzenem Material interagiert. Durch die Abhängigkeit der Signale von der Einschweißtiefe in das Kupfermaterial beeinflussen diese Effekte auch die Signale. Da die Spektrometeroptik ortsfest ist, aber der Laserstrahl entsprechend der Amplitude vom Zentrum des Scanfeldes ausgelenkt wird, kann dies ebenfalls einen periodischen Einfluss auf die Messung haben.

Auffallend ist weiterhin, dass die Messungen mit örtlicher Leistungsmodulation eine flacher ansteigende Signalflanke zu Beginn der Schweißung haben. In Bild 95 ist eine Messreihe mit und eine ohne örtliche Leistungsmodulation dargestellt. Während die Schweißungen ohne örtliche Modulation nahezu direkt auf Werte im Bereich des Mittelwertes ansteigen, weist das Signal bei örtlicher Leistungsmodulation ein ansteigendes Verhalten auf. Nach dem ersten Anstieg bis ca. 50 ms nimmt das Signal einen flacheren aber weiterhin leicht steigenden Verlauf an. Das niedrigere Signalniveau entsteht durch die geringere Einschweißtiefe mit örtlicher Leistungsmodulation bei ansonsten gleichen Parametern.

Bild 95:
Zeitverlauf der Intensität mit und ohne örtliche Leistungsmodulation

geglättete Daten

λ = 324,7 nm

P_L = 400 W
v_f = 50 mm/s
f_s = 1000 Hz

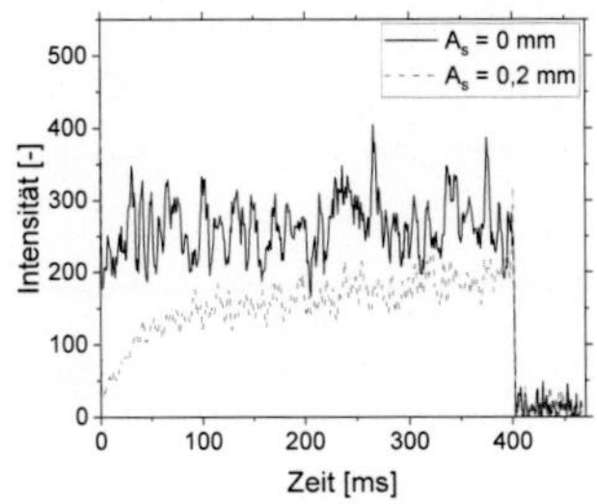

Die Einkoppelzeit ist dabei abhängig von der Laserleistung. Bei erhöhter Laserleistung sinkt die benötigte Zeit bis ein konstantes Signalniveau erreicht wird. In Bild 96 ist die Einkoppelzeit über der Laserleistung dargestellt. Die Einkoppelzeit ist der Zeitpunkt, an dem das Signal von einem linear steigenden Verlauf in einen waagerechten, konstanten Signalverlauf übergeht. Die Einkoppelzeit sinkt exponentiell abhängig von der Laserleistung. Ab einer Laserleistung von 457 W sind fast keine Veränderungen für die hier verwendete Fügeanordnung zu erkennen.

Bild 96:
Einkoppelzeit in Abhängigkeit von der Laserleistung

λ = 324,7 nm

v_f = 50 mm/s
A_s = 0,2 mm
f_s = 1000 Hz

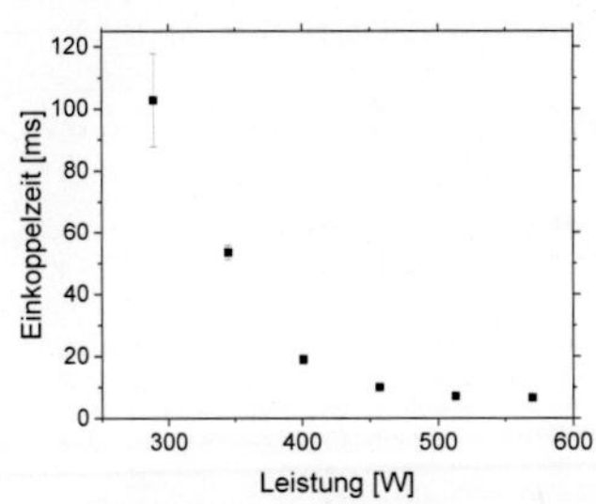

Für einen Vergleich der Signale mit verschiedenen Oszillationsamplituden werden erneut Mittelwerte gebildet. Da die zeitlich ausgedehnte Anstiegsphase die Mittewerte stark beeinflussen würde, werden die ersten 100 ms in den Mittelwerten nicht berücksichtigt. In Bild 97 sind die Mittelwerte bei variierender Oszillationsamplitude aufgetragen. Auffallend ist der Abfall des Signals bei steigender Amplitude. Begründet wird dieser Effekt durch eine reduzierte Einschweißtiefe und entsprechend weniger aufgeschmolzenes Kupfer bei steigender Amplitude und ansonsten konstanten Parametern. Zusätzlich kann, aufgrund der festen Position des Spektrometers bei großer

Amplitude, der Versatz zu reduzierten Signalintensitäten führen, vgl. Kapitel 6.5.4.

Bild 97:
Gemitteltes Spektrometersignal bei variierter Oszillationsamplitude

λ = 324,7 nm

P_L = 400 W
v_f = 50 mm/s
f_s = 1000 Hz

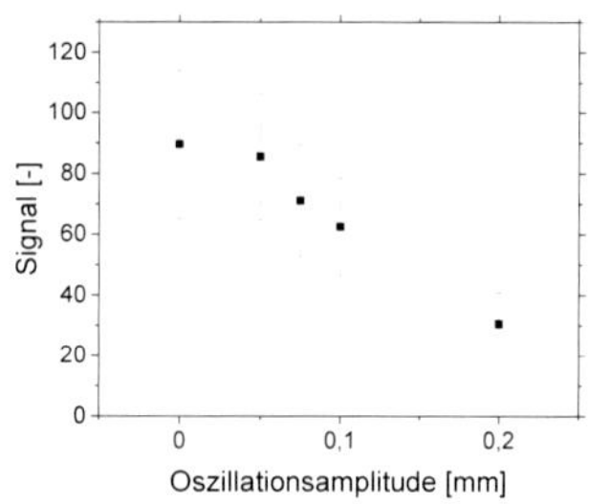

Erkennbar ist ebenfalls eine erhöhte Reproduzierbarkeit bei steigender Amplitude, sichtbar durch die geringen Schwankungen zwischen den drei reproduzierten Schweißungen. Die Messwerte tendieren in dieselbe Richtung.

6.6.4 Analyse der Messwerte beim Einsatz von Leistungsrampen

Für die Applikation dieser Prozessüberwachungsmethode ist die Analyse der Einschweißtiefe von Bedeutung. Dabei bestehen zwei signifikante Schwellen: das Einschweißen in das untenliegende Kupfer und das Durchschweißen durch beide Fügepartner. Insbesondere die Detektion des Einschweißvorgangs in das Kupfer ist für diese Arbeit relevant, da ab dieser Schwelle eine Fügeverbindung erzeugt werden kann. Um die Durchmischung von Kupfer und Aluminium möglichst gering zu halten, muss der Prozess möglichst nah an dieser Schwelle betrieben werden. Dies wird durch ein zuverlässiges, reproduzierbares Detektieren der Schwelle sichergestellt.

Mit Hilfe von Leistungsrampen kann das Verhalten des Schweißprozesses im Bereich der Einschweißschwelle in das untenliegende Kupfer und beim Durchschweißen durch beide Fügepartner analysiert werden. Die Laserleistung folgt dafür einem linear steigenden bzw. fallenden Leistungssignal. In Bild 16 sind Messungen mit steigender Leistungsrampe (links) und sinkender Leistungsrampe (rechts) dargestellt. Jeder Zeitpunkt ist einem Leistungswert zuzuordnen.

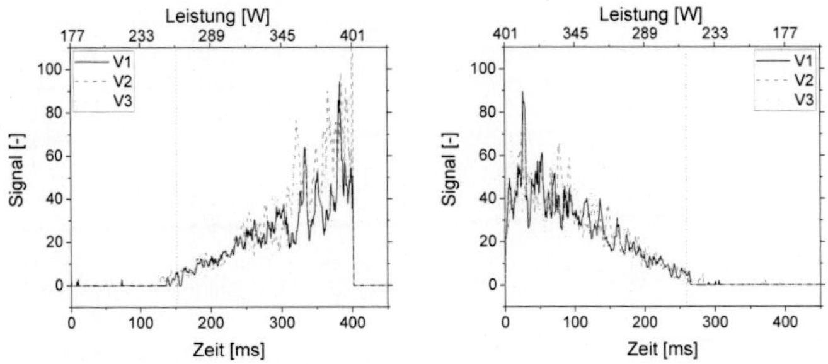

Bild 98:
Zeitlicher Signalverlauf mit Leistungsrampen

Links: Steigende Leistungsrampe
Rechts: Fallende Leistungsrampe

λ = 324,7 nm

v_f = 50 mm/s

Die Bestimmung der Leistung, die ein durchgängiges Signal erzeugt, ergibt für den steigenden Fall eine durchschnittliche Leistung von 262 W und für die Messungen mit sinkender Leistung 255 W. Dieselbe Tendenz zeigen die Messungen mit örtlicher Leistungsmodulation (steigend: 296 W und sinkend 284 W). Bei anfänglich höherer Leistung werden folglich in beiden Fällen bis zu einer geringeren Leistung Kupferemissionen detektiert. Eine Begründung liegt in der Wärmeeinbringung während des Prozesses. Durch die anfänglich hohe Leistung wird bis zu der betrachteten Schwelle mehr Wärme in das Material eingebracht. Diese Vorwärmung ermöglicht eine Detektion von Messwerten bei niedrigeren Laserleistungen.

Die Schwellenwerte stimmen mit den Erkenntnissen der bisherigen Versuche überein. Die Detektion der Einschweißschwelle in das Kupfer ist demnach messbar.

6.7 Bewertung und Ausblick zur Fähigkeit einer spektrometerbasierten Einschweißtiefenanalyse

Zusammenfassend ist die spektrometrische Messung der Emissionslinien während des Schweißens von Aluminium und Kupfer möglich. Die durchgeführten Versuche zeigen die Unterschiede der Kupfer- und Aluminiumemissionslinien und fokussieren sich auf die Detektion des Kupfers. Die Auswertung der Messwerte bei 324,7 nm ermöglicht die eindeutige Detektion des Kupfers im Plasma. Die Signalwerte besitzen Schwankungen und Hintergrundrauschen, deren Einflüsse durch Datenverarbeitung reduziert werden können. Die Messungen lassen eine Aussage über die Anbindung und das Einschweißen in das Kupfer zu. Das Durchschweißen kann nicht präzise identifiziert werden. Die Reduzierung der Vorschubgeschwindigkeit und die Steigerung der Leistung führen zu steigenden Messwerten. Das Messsignal besitzt eine entsprechend starke Abhängigkeit von der Einschweißtiefe.

Der Einsatz einer örtlichen Leistungsmodulation deutet eine steigende Reproduzierbarkeit an. Allerdings besitzen die Messungen periodische Schwankungen, die auf die Leistungsmodulation zurückzuführen sind. Die Oszillation bewirkt eine periodische Änderung der Bahngeschwindigkeit und entsprechend sind auch Änderungen in der Dampfkapillare sichtbar. Zudem benötigen die Schweißungen mit örtlicher Leistungsmodulation bei geringeren Leistungen eine längere Zeit, bis ein konstantes Signallevel erreicht wird.

Das spektrometrische Signal eignet sich grundlegend für eine Regelung der Laserleistung. Durch die Leistungsregelung auf ein festgelegtes Emissionssignal kann auch die mindestens erreichbare Einschweißtiefe, das Einschweißen in das Kupfer, dauerhaft erreicht werden. Signalschwankungen und die für die Auflösung der örtlichen Leistungsmodulation zu geringe zeitliche Auflösung sind dabei hinderlich. Durch eine Anpassung des mechanischen Aufbaus und Auswahl des Spektrometers kann das Messverfahren optimiert werden.

6.8 Vergleich von Spektrometrie und Interferometrie bei der Einschweißtiefenmessung

Sowohl mit Spektrometrie als auch mit Interferometrie können Aussagen hinsichtlich der Einschweißtiefe bei Aluminium-Kupfer-Verbindungen getroffen werden. Dennoch besitzen beide Systeme Grenzen sowie Vor- und Nachteile, welche in diesem Kapitel gegenübergestellt werden. Dafür sind in Tab. 22 Bewertungen dargestellt. Zu beachten ist, dass hierbei die in dieser Arbeit verwendeten Systeme berücksichtigt werden. Die Bewertung bezieht sich ebenfalls nur auf den eingesetzten Schweißprozess von Aluminium und Kupfer.

Tab. 22: Vergleich der verwendeten Systeme und Methoden zur Einschweißtiefenbestimmung

Bewertungskriterium	OCT-Systeme	Spektrometer
Aussagekraft der Messwerte	Direkt	Indirekt
Integrierbarkeit in die Systemtechnik	Koaxial	Koaxial, Off-axis
Nachrüstbarkeit	Mittel	Hoch
Einsatzfähigkeit mit örtlicher Leistungsmodulation	Mittel (f = 250 kHz)	Gering (f = 1,2 kHz)
Einsatzfähigkeit bei hoch-reflektiven Werkstoffen	Mittel	Hoch
Investitionskosten	>50 000 €	<10 000 €

Unterschiede bestehen in der Aussagekraft der Messwerte. Während mit OCT-Systemen direkt ein Wert für die Dampfkapillartiefe und entsprechend der Einschweißtiefe gemessen wird, kann über das Spektrometersignal nur indirekt auf die Einschweißtiefe geschlossen werden. Allerdings lässt sich bei den verwendeten Verbindungen durch Detektion der Kupferemissionen das Einschweißen in das Kupfer feststellen. Vorteile besitzt das Spektrometer bei der Integration in die Systemtechnik. Neben dem hier verwendeten Off-axis Ansatz kann das Spektrometer auch koaxial in den Strahlengang eingebunden werden. Der Abstand der Wellenlängen von Kupfer (324,7 nm) und Laserstrahl (1070 nm) erleichtert die Auslegung der optischen Elemente. Anders verhält sich die Integrierbarkeit bei OCT-Systemen. Die optischen Elemente müssen präzise abgestimmt sein, sodass teilweise nur Komplettsysteme mit Scanner und Kollimator angeboten werden. Hierbei ist die Integrierbarkeit hoch, die Konfiguration der Systemtechnik z.B. in Hinblick auf die Optik beschränkt. Darüber hinaus ist der nutzbare Bereich des Scanfelds aufgrund chromatischer Aberrationen eingeschränkt. Diese entstehen zwar ebenfalls bei Einsatz eines koaxialen Spektrometers, hier besitzt die Ausrichtung aber voraussichtlich eine größere Toleranz. Der Einsatz einer örtlicher Leistungsmodulation ist für beide Prozesse eine Herausforderung. Die zeitliche Auflösung des verwendeten Spektrometers ist mit knapp über 1000 Hz zu gering, um die Oszillation aufzulösen, sodass starke Messwertschwankungen auftreten. Der Einsatz eines Spektrometers mit höherer Messfrequenz könnte hier Abhilfe schaffen. Die geforderte hohe Sensitivität und Messfrequenz können jedoch die Kostenvorteile des Systems reduzieren. Hier besitzen die verwendeten OCT-Systeme mit Abtastfrequenzen von bis zu 250 kHz einen Vorteil. Die schnelle Bewegung des Laserstrahls bei der örtlichen Leistungsmodulation erhöht jedoch die Messfehler und die Messwertschwankungen.

Insgesamt besitzen beide Systeme denkbare Einsatzmöglichkeiten. Mit dem Spektrometer kann der Einschweißvorgang in das Kupfer identifiziert werden und bildet so eine einfache und kostengünstige Lösung zur Prozessüberwachung von Aluminium-Kupfer-Verbindungen. Die erhöhte Präzision in der Detektion der Einschweißtiefe bei OCT-Systemen geht mit deutlich aufwändigerer und kostenintensiverer Systemtechnik einher. Der Einsatz ermöglicht jedoch die quantitative Bestimmung einer ansonsten nur schwierig messbaren, aber insbesondere bei Aluminium-Kupfer-Überlappverbindungen maßgeblichen Größe: der Einschweißtiefe.

7 Zusammenfassung und Ausblick

Der steigende Bedarf an elektrisch verschalteten Batteriesystemen erfordert einen reproduzierbaren und zuverlässigen Fügeprozess. Der innere Aufbau der einzelnen Batteriezellen bedingt dabei die Notwendigkeit Aluminium mit Kupfer zu verbinden. Herausforderung beim schmelzebasierten Fügen dieser Werkstoffkombination ist das Auftreten intermetallischer Phasen. Diese können zu Rissen in der Fügestelle und somit zum sofortigen oder langfristigen Bauteilversagen führen. Ziel der Arbeit ist daher die Entwicklung eines Laserstrahlschweißprozesses zum Erzeugen von Aluminium-Kupfer-Verbindungen mit einem Übergangswiderstand auf Niveau der Grundmaterialien, der während der gesamten Lebensdauer erhalten bleibt.

Methodisch wurde die Prozessentwicklung unterstützt durch die

- Simulation der elektrischen Übergangswiderstände,
- örtliche Leistungsmodulation der Laserstrahlung,
- In-situ-Durchstrahlversuche mit Synchrotronstrahlung zur Visualisierung der Materialdurchmischung,
- Einflussanalyse der dynamischen, elektrischen und thermischen Belastungen im Betrieb,
- prozessbegleitende Messung der Einschweißtiefe mittels optischer Kohärenztomographie und Spektrometrie.

Da die Hauptfunktion der Verbindung die elektrische Stromführung ist, wurden in dieser Arbeit simulative Berechnungen zum elektrischen Stromfluss an Überlappverbindungen durchgeführt. Die Simulation wurden mit realen Messwerten parametrisiert und anschließend verifiziert. Die Abweichungen vom realen Messwert lagen zwischen 0,2% und 5,5%. Das Simulationsmodel kann für Berechnung des möglichen elektrischen Widerstands und zur Optimierung der Positionierung der Schweißnähte genutzt werden. Die Schweißverbindungen konnten unter Anwendung einer örtlichen Leistungsmodulation Werte im Bereich der Widerstände der beiden Grundmaterialien erreichen. Für die Aluminium-Kupfer-Verbindung wurde ein Wert von 44,7 µΩ gemessen. Dieser Wert liegt rund 3,5% oberhalb des gemittelten Widerstands von Aluminium und Kupfer und befindet sich damit im Bereich des Messfehlers. Durch die Anwendung einer Doppelnaht an den Rändern des überlappenden Bereichs konnte der Widerstand zusätzlich um ca.

50% reduziert werden. Durch diese Anordnung wird der gesamte Querschnitt des Überlappbereichs für die Stromführung genutzt. Die Ergebnisse verdeutlichen die Wichtigkeit der Positionierung bei der Prozessentwicklung für stromleitende Verbindungen.

Aufgrund der unterschiedlichen Materialeigenschaften wie Schmelzpunkt und Wärmeleitfähigkeit besitzen Aluminium-Kupfer-Verbindungen üblicherweise ein breites Schmelzbad im Aluminium und ein deutlich schmaleres im Kupfer. Mit Hilfe der örtlichen Leistungsmodulation können für beide Anordnungen im Überlapp nahezu rechteckförmige Schweißnahtformen erzielt werden. Die Anbindungsbreite bei Aluminium als oberer Fügepartner kann durch Erhöhung der Amplitude der örtlichen Leistungsmodulation von rund 227 µm auf über 500 µm gesteigert werden. Laserleistung und Vorschub waren bei beiden Versuchen konstant. Allerdings ist die Einschweißtiefe in den unteren Fügepartner dabei von 300 µm auf rund 60 µm gesunken. Für Anwendungen mit hoher zu übertragender elektrischer Leistung ist die höhere Anbindungsbreite ein deutlicher Vorteil. Die effiziente Nutzung der bereitgestellten Energie ist insbesondere bei thermisch sensiblen Bauteilen, wie Batteriezellen relevant. Die reduzierte Einschweißtiefe im Kupfer reduziert ebenfalls den Anteil an Kupfer in der Schmelze und beeinflusst die Durchmischung der Materialien positiv.

Mit Hilfe von Synchrotronstrahlung konnte diese Durchmischung beim Schweißen von Aluminium-Kupfer-Verbindungen sichtbar gemacht werden. Bei Versuchen mit Kupfer als oberen Fügepartner konnte beobachtet werden, wie sich Kupferschwaden in der Schmelze in Richtung Dampfkapillare und Schmelzbadgrund bewegt und anschließend mit dem Aluminium vermischt haben. Einfluss auf die Durchmischung hat in den Versuchen insbesondere die Vorschubgeschwindigkeit gezeigt. Bei höheren Geschwindigkeiten wurde das Kupfer nah an der Aluminiumoberfläche durchmischt, während bei den geringeren Geschwindigkeiten Kupferströme bis zum Schmelzbadgrund im Aluminium sichtbar wurden. Weiterhin konnten verschiedene Mechanismen zur Porenentstehung, z.B. Instabilitäten am Dampfkapillargrund, sowie das Aufsteigen der Blasen in der Schmelze und Erstarrung am Materialübergang beobachtet werden.

Um die Belastung während des Betriebs zu simulieren, wurden Untersuchungen zur dynamischen, thermischen und elektrischen Belastung durchgeführt. Bei der dynamischen Belastung auf einem Vibrationsprüfstand haben insbesondere die Schweißungen ohne örtliche Leistungsmodulation ihre mechanische Stabilität, teilweise vollständig verloren. Die Schweißungen mit Modulation weisen Schwankungen in der Zugfestigkeit von ±11% im Vergleich zu unbelasteten Referenzproben auf. Auch die thermische Belastungsprüfung zeigt keine eindeutige Reduzierung der Verbindungsqualität. Hier nahm der Übergangswiderstand bei einigen Proben im Vergleich zur Referenz um bis zu

3% ab. Die Messungen mit und ohne örtlicher Leistungsmodulation liegen innerhalb des Messfehlers. Nur bei der elektrischen Belastung wurde bei allen Proben nach sieben Zyklen ein Anstieg des Übergangswiderstands von bis zu 7% (Mittelwert aus den Proben ohne örtliche Leistungsmodulation) gemessen.

Die Messung der Einschweißtiefe bedeutet eine direkte Messung einer prozess- und qualitätsrelevanten Größe beim Schweißen von Aluminium-Kupfer-Verbindungen und kann somit Messgröße für eine Prozessüberwachung in der Produktion sein. Die Herausforderung bei der Messung mit optischer Kohärenztomographie besteht bei dieser Anwendung in der hohen Dynamik des Prozesses aufgrund der örtlichen Leistungsmodulation, der Nutzung eines Scansystems und dem kleinen Dampfkapillardurchmesser beim Schweißen mit Fokusdurchmessern von 30 µm. Dennoch konnten prozessbegleitende Messungen der Einschweißtiefe gezeigt werden. Die Kombination von Kalman- und Bandpassfiltern konnte die Abweichung im Vergleich zur metallographisch bestimmten Einschweißtiefe auf unter 7,5% senken. Trotz der hohen Dynamik beim Schweißen mit örtlicher Leistungsmodulation konnte die Einschweißtiefe entlang der Bahn des Laserstrahls ausgewertet und dreidimensional dargestellt werden. Als alternativer, indirekter Weg zur Bestimmung der Einschweißtiefe wurde ein spektrometerbasierter Ansatz untersucht. Die Abhängigkeit der Strahlungsintensität der materialcharakteristischen Wellenlängen von der Einschweißtiefe konnte in den Versuchen gezeigt, aber der Zusammenhang aufgrund des hohen Signalrauschens nicht quantifiziert werden. Das Auftreten eines entsprechenden Signals des unten liegenden Kupfers ermöglicht aber das sichere Erkennen des Einschweißens in den unteren Fügepartner und bietet hierdurch eine kostengünstige Möglichkeit für die Überwachung der mindestens erforderlichen Einschweißtiefe.

Abschließend kann mit Tab. 23 eine Bewertung der Ergebnisse und ein Vergleich des Prozesses mit und ohne örtliche Leistungsmodulation durchgeführt werden. Die elektrische Leitfähigkeit, bzw. ein Übergangswiderstand im Bereich der Grundmaterialien (ca. 43,2 µΩ) kann mit beiden Prozessen annähernd erreicht werden. Vorteil der örtlichen Leistungsmodulation ist beim Schweißen von Aluminium-Kupfer-Verbindungen im Überlapp die höhere Anbindungsbreite. Dieser Einfluss auf den Widerstand macht sich erst bei hohen Stromstärken im Betrieb bemerkbar. Die höhere Anbindungsfläche ist grundsätzlich vorteilhaft bei der mechanischen Stabilität. In den Untersuchungen macht sich das insbesondere bei der Vibrationsbelastung bemerkbar.

Tab. 23: Bewertung des Laserstrahlschweiß- prozesses mit und ohne örtliche Leistungsmodulation bei Aluminium-Kupfer-Verbindungen

Bewertungskriterium	**Ohne örtliche Leistungs- modulation**	**Mit örtlicher Leistungs- modulation**
Elektrischer Übergangwiderstand	45,7 µΩ	43,6 µΩ
Vibrationsbelastung (Veränderung der Zugfestigkeit)	-93%	±11%
Thermische Belastung (Veränderung des Übergangswiderstands)	-3%	-0,4%
Elektrische Belastung (Veränderung des Übergangswiderstands)	+7%	+6%
Überwachung mit OCT-System	Gut	Mittel
Überwachung mit Spektrometer	Gut	Mittel

Eine Prozessüberwachung ist in der automatisierten Massenproduktion von Batteriesystemen unerlässlich. Die Überwachung der Einschweißtiefe bietet hierbei einige Vorteile. Zum einen ist sie relevant für die Durchmischung, zum anderen kann mit OCT-Systemen ein direkt verständlicher und nutzbarer Messwert erzeugt werden. Die Beschränkungen hinsichtlich der Komponenten sowie die hohen Investitionskosten sind hier negativ zu bewerten. Der Einsatz in Kombination mit der örtlichen Leistungsmodulation erschwert die Datenauswertung. Durch den Überlapp der Bahnbewegung entspricht der Messwert nicht endgültigen, metallographisch messbaren Einschweißtiefe und die hohe Dynamik erhöht zudem die Messfehlerrate. Die dreidimensionale Darstellung der Einschweißtiefe beim Schweißen mit örtlicher Leistungsmodulation zeigt jedoch das große Potential des Systems für die Prozessüberwachung beim Laserstrahlschweißen von Aluminium-Kupfer-Verbindungen. Für bestehende Anlagen kann zum Nachrüsten alternativ auf ein vergleichsweise kostengünstiges Spektrometer zurückgegriffen werden. Das Einschweißen in den unteren Fügepartner konnte in den Versuchen zuverlässig erkannt werden.

Insgesamt konnte in dieser Arbeit gezeigt werden, wie Aluminium und Kupfer mittels Laserstrahlschweißen verbunden und der Prozess überwacht werden kann. Die örtliche Leistungsmodulation stellt für die Verbindungsqualität einen Mehrwert dar und erreicht Übergangswiderstände auf Niveau des Grundmaterials und Vorteile bei der mechanischen Festigkeit während der anwendungsnahen Belastung. Nachteile bestehen bei Nutzung von Prozessüberwachungssystemen, da hier die hohe Bahngeschwindigkeit aufgrund der Oszillation eine Herausforderung für OCT-System und Spektrometer darstellt. Dennoch konnten mit geeigneter Messdatenaufbereitung Messungen der Einschweißtiefe erzielt werden.

Für zukünftige Untersuchungen können Laserstrahlquellen mit veränderbarem Strahlprofil verwendet werden. Der Einsatz von Strahlquellen mit einem zusätzlichen ringförmigen Profil konnte beim Schweißen von Aluminium bereits positive Effekte im Bereich der ausgebildeten Mikrostruktur [SUN22] oder der Prozessstabilität [WAN20] erzielen. Durch die zusätzliche Energieeinbringung um den zentralen Laserfokus herum wird zum einen das feste Material vor dem Schmelzbad vorgewärmt. Zum anderen führt die Energieeinbringung hinter der Dampfkapillare zu einer Verlängerung des Schmelzbades und zu einer reduzierten Abkühlgeschwindigkeit. Beim Schweißen von Kupfer auf Aluminium kann dadurch zusätzliche Energie in die Kupferschmelze gebracht werden, um die Nahtform anzupassen oder den Blasen mehr Zeit zum Aufsteigen zu bieten. Ein vergrößertes Schmelzbadvolumen im obenliegenden Kupfer kann zusätzlich zu einer Verringerung der Strömungsgeschwindigkeiten führen. Die durch die Bewegung der Dampfkapillare verdrängte Schmelze hat um die Kapillare herum einen breiteren Schmelzekanal zur Verfügung. Bei gleichbleibendem Volumenstrom nimmt folglich die Strömungsgeschwindigkeit ab. Dies wiederum kann einen erheblichen Einfluss auf die Durchmischung der beiden Materialien nach sich ziehen und so eine weitere Verbesserung der mechanischen und elektrischen Eigenschaften über der Lebensdauer bewirken.

Die Ergebnisse und Methoden dieser Arbeit können ebenfalls auf weitere artungleiche Materialkombinationen übertragen werden. Hierbei können zukünftig Hoch-Entropie-Legierungen relevant sein. Diese Legierungen bestehen üblicherweise aus mindestens fünf Legierungselementen mit annähernd gleichem Anteil. Dadurch lassen sich Werkstoffe mit bedarfsgerechten Eigenschaften wie Dehnung, Festigkeit, Dichte und Temperaturstabilität herstellen. Aufgrund der hohen Kosten der Legierungselemente und der Herstellung ist ein kombinierter Einsatz mit konventionellen Werkstoffen für eine kosteneffiziente Nutzung notwendig. Daraus ergeben sich Anwendungen für Fügetechniken wie das Laserstrahlschweißen. Durch die Vielzahl an Legierungselementen ist bei artungleichen Verbindungen die Durchmischung maßgeblich verantwortlich für die resultierenden Eigenschaften. Auch hier ist ein Auftreten von intermetallischen Phasen möglichen. [RHO21] Die Übertragung der in dieser Arbeit verwendeten Methoden, bspw. die Analyse der Durchmischung mit Hilfe von Synchrotronstrahlung, kann die Prozessentwicklung des Laserstrahlschweißens von Hoch-Entropie-Legierungen unterstützen. Zusätzlich ermöglicht eine örtliche Leistungsmodulation die Anpassung der Anbindungsbreite und Einschweißtiefe und kann dadurch positive Effekte auf den Schweißprozess besitzen.

8 Abbildungsverzeichnis

9 Tabellenverzeichnis

10 Literaturverzeichnis

[ABT09] Abt, F.; Blug, A.; Nicolosi, L.; Dausinger, F.; Weber, R.: *Real Time Closed Loop Control of Full Penetration Keyhole Welding with Cellular Neural Network Cameras,* 2009.

[ABT11] Abt, F.; Boley, M.; Weber, R.; Graf, T.; Popko, G.; Nau, S.: *Novel X-ray System for in-situ Diagnostics of Laser Based Processes – First Experimental Results*, in: Physics Procedia, 12, 2011, S. 761–770.

[AGU03] Aguilera, J. A.; Bengoechea, J.; Aragón, C.: *Curves of growth of spectral lines emitted by a laser-induced plasma: Influence of the temporal evolution and spatial inhomogeneity of the plasma*, in: Spectrochimica Acta Part B: Atomic Spectroscopy, 58, 2003, S. 221–237.

[AVA21] Avantes B.V.: *Datenblatt: AvaSpec-ULS2048CL-EVO,* 2021, https://www.avantes.com/products/spectrometers/starline/avaspec-uls2048cl-evo/?gclid=EAIaIQobChMI5J_90dLd8wIVVIjVCh0-EQ5UEAAYAiAAEgL-UPD_BwE. Abgerufen am 22.10.2021.

[BAL06] Balzer, H.; Hölters, S.; Sturm, V.; Noll, R.: *Systematic line selection for online coating thickness measurements of galvanised sheet steel using LIBS*, in: Analytical and bioanalytical chemistry, 385, 2006, S. 234–239.

[BAN18] Bantel, C.: *Laserstrahlschweißen von Aluminium-Kupfer-Verbindungen.* Technische Universität Dresden, 2018.

[BAR05] Bargel, H.-J.; Schulze, G.: *Werkstoffkunde: Mit 85 Tabellen,* 9. Auflage, Berlin, Heidelberg. Springer, 2005.

[BAR10] Bargel, H.-J.; Schulze, G.: *Die Metallurgie des Schweissens: Eisenwerkstoffe - nichteisenmetallische Werkstoffe,* 4. Auflage, Heidelberg, New York. Springer, 2010.

[BAU14] Bautze, T.; Kogel-Hollacher, M.: *Keyhole Depth is just a Distance*, in: Laser Technik Journal, 11, 2014, S. 39–43.

[BEC96] Beck, M.: *Modellierung des Lasertiefschweißens,* Stuttgart. Teubner, 1996.

[BLE14] Blecher, J. J.; Galbraith, C. M.; van Vlack, C.; Palmer, T. A.; Fraser, J. M.; Webster, P. J. L.; DebRoy, T.: *Real time monitoring of laser beam welding keyhole depth by laser interferometry*, in: Science and Technology of Welding and Joining, 19, 2014, S. 560–564.

[BLO03] Blom, A.; Dunias, P.; van Engen, P.; Hoving, W.; Kramer, J. de: *Process spread reduction of laser microspot welding of thin copper parts using real-time control*, in: Alberto Pique, Koji Sugioka, Peter R. Herman, Jim Fieret, Friedrich G. Bachmann, Jan J. Dubowski, Willem Hoving, Kunihiko Washio, David B. Geohegan, Frank Traeger,

Kouichi Murakami (Hrsg.), *Photon Processing in Microelectronics and Photonics II*, SPIE, 2003, S. 493.

[BOL15] Boley, M.; Weber, R.; Graf, T.: *Online detection of pore formation during laser deep-penetration welding*. Lasers in Manufacturing Conference 2015, 2015.

[BRA15] Brand, M. J.; Schmidt, P. A.; Zaeh, M. F.; Jossen, A.: *Welding techniques for battery cells and resulting electrical contact resistances*, in: Journal of Energy Storage, 1, 2015, S. 7–14.

[BRA93] Braunovic, M.; Aleksandrov, N.: *Effect of electrical current on the morphology and kinetics of formation of intermetallic phases in bimetallic aluminum-copper joints*, in: , *IEEE Thirty-Ninth Holm Conference on Electrical Contacts, 1993,* Piscataway, IEEE, 1993, S. 261–268.

[DAS18] Das, A.; Li, D.; Williams, D.; Greenwood, D.: *Joining Technologies for Automotive Battery Systems Manufacturing*, in: World Electric Vehicle Journal, 9, 2018, S. 22.

[DAU95] Dausinger, F.: *Strahlwerkzeug Laser: Energieeinkopplung und Prozeßeffektivität,* Stuttgart, 1995, Habitilationsschrift, Stuttgart.

[DEM11] Demtröder, W.: *Laserspektroskopie 1: Grundlagen,* Berlin/Heidelberg. Springer Berlin Heidelberg, 2011.

[DIM19] Dimatteo, V.; Ascari, A.; Fortunato, A.: *Continuous laser welding with spatial beam oscillation of dissimilar thin sheet materials (Al-Cu and Cu-Al): Process optimization and characterization*, in: Journal of Manufacturing Processes, 44, 2019, S. 158–165.

[DKI05] DKI Deutsches Kupferinstitut: *Werkstoff-Datenblatt: Cu-ETP,* 2005, https://www.kupferinstitut.de/wp-content/uploads/2019/11/Cu-ETP.pdf. Abgerufen am 23.07.2021.

[DRE08] Drexler, W.: *Optical coherence tomography: Technology and applications /Wolfgang Drexler ... (eds.),* Berlin, Heidelberg. Springer, 2008.

[DUP16] Dupriez, N. D.; Truckenbrodt, C.: *OCT for Efficient High Quality Laser Welding*, in: Laser Technik Journal, 13, 2016, S. 37–41.

[EGR10] Egry, I.; Ricci, E.; Novakovic, R.; Ozawa, S.: *Surface tension of liquid metals and alloys--recent developments*, in: Advances in colloid and interface science, 159, 2010, S. 198–212.

[ENG11] Engler, S.; Ramsayer, R.; Poprawe, R.: *Process Studies on Laser Welding of Copper with Brilliant Green and Infrared Lasers*, in: Physics Procedia, 12, 2011, S. 339–346.

[FAB05] Fabbro, R.; Slimani, S.; Coste, F.; Briand, F.: *Study of keyhole behaviour for full penetration Nd–Yag CW laser welding*, in: Journal of Physics D: Applied Physics, 38, 2005, S. 1881–1887.

[FAB08] Fabbro, R.; Slimani, S.; Coste, F.; Briand, F.: *Characteristic melt pool hydrodynamic behaviors for CW Nd-YAG deep penetration laser welding*, in: , *Pacific International*

Conference on Applications of Lasers and Optics, Laser Institute of America, April 16–18, 2008, S. 173–178.

[FAB10] Fabbro, R.: *Melt pool and keyhole behaviour analysis for deep penetration laser welding*, in: Journal of Physics D: Applied Physics, 43, 2010, S. 445501.

[FAH12] Fahrenwaldt, H. J.; Schuler, V.: *Praxiswissen Schweißtechnik: Werkstoffe, Prozesse, Fertigung,* Dordrecht. Springer, 2012.

[FEL07] Felderhoff, R.: *Elektrische und elektronische Messtechnik: Grundlagen, Verfahren, Geräte und Systeme,* 8. Auflage, s.l. Hanser Fachbuchverlag, 2007.

[FET17] Fetzer, F.; Boley, M.; Weber, R.; Graf, T.: *Comprehensive analysis of the capillary depth in deep penetration laser welding*, in: Stefan Kaierle, Stefan W. Heinemann (Hrsg.), *High-Power Laser Materials Processing: Applications, Diagnostics, and Systems VI,* SPIE, 2017, S. 1009709.

[FET18] Fetzer, F.; Berger, P.; Hu, H.; Weber, R.; Graf, T.: *Pores in laser beam welding: generation mechanism and impact on the melt flow*, in: Proc. SPIE 10525, High-Power Laser Materials Processing: Applications, Diagnostics, and Systems VII, 105250D, 2018.

[FRA17] Fraunhofer-Allianz Battieren (Hrsg.): *Entwicklungsperspektiven für Zellformate von Lithium-Ionen-Batterien in der Elektromobilität,* Pfinztal, 2017.

[FRA21] Franco, D.; Oliveira, J. P.; Santos, T. G.; Miranda, R. M.: *Analysis of copper sheets welded by fiber laser with beam oscillation*, in: Optics & Laser Technology, 133, 2021, S. 106563.

[GED09] Gedicke, J.; Olowinsk, A.; Gillner, A.: *Performances of Micro Ring Welding as an Alternative Method for Laser Spot Welding*, in: Lasers in manufacturing 2009, 2009, S. 761–766.

[GED11] Gedicke, J.: *Robuste Prozessführung beim laserstrahl-Mikroschweißen mit hochbrillanten Strahlquellen,* Aachen, 2011, Dissertation, Aachen.

[GLO19] Global Battery Alliance (Hrsg.): *A Vision for a Sustainable Battery Value Chain in 2030: Unlocking the Full Potential to Power Sustainable Development and Climate Change Mitigation,* 2019.

[GRI05] Griem, H. R.: *Principles of plasma spectroscopy,* 1. Auflage, Cambridge. Cambridge Univ. Press, 2005.

[HAE17a] Haeusler, A.; Schürmann, A.; Schöler, C.; Olowinsky, A.; Gillner, A.; Poprawe, R.: *Quality improvement of copper welds by laser microwelding with the usage of spatial power modulation*, in: Journal of Laser Applications, 29, 2017, S. 22422.

[HAE17b] Haeusler, A.; Mehlmann, B.; Olowinsky, A.; Gillner, A.; Poprawe, R.: *Efficient Copper Microwelding with Fibre Lasers using Spatial Power Modulation*, in: Lasers in Engineering, 2017, S. 133–146.

[HÄU21] Häusler, A.: *Präzisionserhöhung beim Laserstrahl-Mikroschweißen durch angepasstes Energiemanagement: Lehrstuhl für Lasertechnik,* Aachen, 2021, Aachen.

[HEI15] Heider, A.; Weber, R.; Herrmann, D.; Herzog, P.; Graf, T.: *Power modulation to stabilize laser welding of copper*, in: Journal of Laser Applications, 27, 2015, S. 22003.

[HEI19] Heinen, P.; Eichler, F.; Haeusler, A.; Olowinsky, A.; Aden, M.; Gillner, A.; Poprawe, R.: *Influence of spatial power modulation on pore and crack formation in laser beam welding of aluminum*, in: Journal of Laser Applications, 31, 2019, S. 22013.

[HEI20] Heinen, P.: *Prozessfähigkeitserhöhung und Fehlerreduktion beim Laserstrahl-Mikroschweißen mit örtlicher Leistungsmodulation: Process capability increase and …,* Aachen. Apprimus Verlag, 2020.

[HES16] Hesse, W. (Hrsg.): *Aluminium-Werkstoff-Datenblätter: = Aluminium Material Data Sheets,* 7. Auflage, Berlin, Wien, Zürich. Beuth Verlag, 2016.

[HEß12] Heß, A.: *Vorteile und Herausforderungen beim Laserstrahlschweißen mit Strahlquellen höchster Fokussierbarkeit,* München. Utz, 2012.

[HO72] Ho, C. Y.; Powell, R. W.; Liley, P. E.: *Thermal Conductivity of the Elements*, in: Journal of Physical and Chemical Reference Data, 1, 1972, S. 279–421.

[HÖL12] Hölters, S.: *Optische Kohärenztomographie zur Einzelschichtdickenmessung von Kunststoffen,* Dissertation. RWTH Aachen, 2012.

[HOL18a] Hollatz, S.; Ryan, C.; Olowinsky, A.; Gillner, A.; Poprawe, R.: *Measurement of Keyhole Depth during Laser Beam Micro Welding with Scanners*, in: Proceedings of LPM 2018, 2018.

[HOL20a] Hollatz, S.; Kremer, S.; Ünlübayir, C.; Sauer, D. U.; Olowinsky, A.; Gillner, A.: *Electrical Modelling and Investigation of Laser Beam Welded Joints for Lithium-Ion Batteries*, in: Batteries, 6, 2020, S. 24.

[HOL20b] Hollatz, S.; Heinen, P.; Limpert, E.; Olowinsky, A.; Gillner, A.: *Overlap joining of aluminium and copper using laser micro welding with spatial power modulation*, in: Welding in the World, 64, 2020, S. 513–522.

[HOL20c] Hollatz, S.; Hummel, M.; Jaklen, L.; Lipnicki, W.; Olowinsky, A.; Gillner, A.: *Processing of Keyhole Depth Measurement Data during Laser Beam Micro Welding*, in: Proceedings of the Institution of Mechanical Engineers, Part L: Journal of Materials: Design and Applications, 234, 2020, S. 722–731.

[HOL22a] Hollatz, S.; Hummel, M.; Olowinsky, A.; Gillner, A.; Beckmann, F.; Moosmann, J.: *Pore Formation and Melt Pool Analysis of Laser Welded Al-Cu Joints using Synchrotron Radiation*, in: Journal of Materials Processing Technology, 2022, S. 117738.

[HOL22b] Hollatz, S.; Hummel, M.: *Videographic Data for Pore Formation and Melt Pool Analysis of Laser Welded Al-Cu Joints using Synchrotron Radiation.* Zenodo, 2022.

[HUA11] Huang, W.; Kovacevic, R.: *A neural network and multiple regression method for the characterization of the depth of weld penetration in laser welding based on acoustic signatures*, in: Journal of Intelligent Manufacturing, 22, 2011, S. 131–143.

[HÜG09] Hügel, H.; Graf, T.: *Laser in der Fertigung,* 2. Auflage, Wiesbaden. Vieweg+ Teubner, 2009.

[HUM20a] Hummel, M.; Schöler, C.; Häusler, A.; Gillner, A.; Poprawe, R.: *New approaches on laser micro welding of copper by using a laser beam source with a wavelength of 450 nm*, in: Journal of Advanced Joining Processes, 1, 2020.

[HUM20b] Hummel, M.; Haeusler, A.; Olowinsky, A.; Gillner, A.; Poprawe, R.: *Comparing 1070 nm and 515 nm Wavelength Laser Beam Sources in Terms of Efficiency for Laser Microwelding Copper,* 46. Auflage. Old City Publishing, 2020.

[HUM21] Hummel, M. D.; Halm, U.; Hagenlocher, C.; Lind, J.; Hollatz, S.; Häusler, A.; Olowinsky, A.; Gillner, A.; Schöler, C.: *Temporally and spatially highly resolved reconstruction of vapor capillary geometry during laser beam welding using synchrotron radiation,* München, 2021, https://publications.rwth-aachen.de/record/821069.

[IEA21] IEA: *Global EV Outlook 2021,* Paris, 2021, https://www.iea.org/reports/global-ev-outlook-2021.
Abgerufen am 29.08.2021.

[JAR18] Jarwitz, M.; Fetzer, F.; Weber, R.; Graf, T.: *Weld Seam Geometry and Electrical Resistance of Laser-Welded, Aluminum-Copper Dissimilar Joints Produced with Spatial Beam Oscillation*, in: Metals, 8, 2018, S. 510.

[KAT04] Katayama, S.: *Laser welding of aluminium alloys and dissimilar metals*, in: Welding International, 18, 2004, S. 618–625.

[KAW11] Kawahito, Y.; Matsumoto, N.; Abe, Y.; Katayama, S.: *Relationship of laser absorption to keyhole behavior in high power fiber laser welding of stainless steel and aluminum alloy*, in: Journal of Materials Processing Technology, 211, 2011, S. 1563–1568.

[KET10] Ketterer, B.; Karl, U.; Möst, D.; Ulrich, S.: *Lithium-Ionen Batterien: Stand der Technik und Anwendungspotential in Hybrid-, Plug-In Hybrid- und Elektrofahrzeugen. Lithium-ion batteries: state of the art and application potential in hybrid-, plug-in hybrid- and electric vehicles,* 2010.

[KOG19] Kogel-Hollacher, M.; André, S.; Beck, T.: *New horizons in laser material processing: how OCT sets new standards*, in: Stefan Kaierle, Stefan W. Heinemann (Hrsg.), *High-Power Laser Materials Processing: Applications, Diagnostics, and Systems VIII,* SPIE, 02.02.2019 - 07.02.2019, S. 13.

[KRA11] Kraetzsch, M.; Standfuss, J.; Klotzbach, A.; Kaspar, J.; Brenner, B.; Beyer, E.: *Laser Beam Welding with High-Frequency Beam Oscillation: Welding of Dissimilar Materials with Brilliant Fiber Lasers*, in: Physics Procedia, 12, 2011, S. 142–149.

[KRA19] Kramida, A.; Ralchenko, Y.; Reader, J.; NIST ASD Team: *NIST Atomic Spectra Database (ver. 5.7.1),* National Institute of Standards and Technology, 2019, https://physics.nist.gov/asd.
Abgerufen am 03.11.2019.

[LAN91] Landolt, H.; Hellwege, K.-H.; Madelung, O. (Hrsg.): *Zahlenwerte und Funktionen aus Naturwissenschaften und Technik,* Berlin. Springer, 1991.

[LEE10] Lee, S. S.; Kim, T. H.; Hu, S. J.; Cai, W. W.; Abell, J. A.: *Joining Technologies for Automotive Lithium-Ion Battery Manufacturing: A Review*, in: Proceedings of the ASME 2010 International Manufacturing Science and Engineering Conference, 2010, S. 541–549.

[LEE14] Lee, S. J.; Nakamura, H.; Kawahito, Y.; Katayama, S.: *Effect of welding speed on microstructural and mechanical properties of laser lap weld joints in dissimilar Al and Cu sheets*, in: Science and Technology of Welding and Joining, 19, 2014, S. 111–118.

[LEI16] Leitz, A.: *Laserstrahlschweißen von Kupfer- und Aluminiumwerkstoffen in Mischverbindung,* München. Herbert Utz Verlag, 2016.

[LI21] Li, J.; Liu, Y.; Tao, Y.; Zhang, Q.; Kang, K.; Sun, Q.; Sun, Q.: *Analysis of vapor plume and keyhole dynamics in laser welding stainless steel with beam oscillation*, in: Infrared Physics & Technology, 113, 2021, S. 103536.

[LUO05] Luo, J.; Ying, K.; Bai, J.: *Savitzky–Golay smoothing and differentiation filter for even number data*, in: Signal Processing, 85, 2005, S. 1429–1434.

[MAH07] Mahrle, A.; Beyer, E.: *Control of the energy deposition during laser beam welding by oscillation techniques*, in: Lasers in Manufacturing 2007, 2007, S. 97–103.

[MAR99] Martin, W. C.; Wiese, W. L.: *Atomic Spectroscopy: A Compendium of Basic Ideas, Notation, Data, and Formulas,* Gaithersburg, Maryland, National Institute of Standards and Technology, 1999, https://www.nist.gov/pml/atomic-spectroscopy-compendium-basic-ideas-notation-data-and-formulas.
Abgerufen am 18.02.2020.

[MEH14] Mehlmann, B.; Olowinsky, A.; Thuilot, M.; Gillner A.: *Spatially modulated laser beam micro welding of CuSn6 and nickel-plated DC04 steel for battery applications*, in: Journal of Laser Micro/Nanoengineering, 9, 2014, S. 276–281.

[MIC04] Michel, J.: *Approximatives Modell für das Tiefschweißen mit Laserstrahlung,* Aachen. Shaker, 2004.

[MIY04] Miyamoto, I.; Park, S.-J.; Ooie, T.: *High-Speed Microwelding by Single-Mode Fiber Laser*, in: Proceedings of the LANE 2004, 2004, S. 55–66.

[MIY16] Miyagi, M.; Kawahito, Y.; Katayama, S.; Kawakami, H.; Shoubu, T.: *Observation of keyhole and melt pool dynamics in laser welding of Al alloy by x-ray phase-contrast method*, in: , *International Congress on Applications of Lasers & Electro-Optics,* Laser Institute of America, October 16–20, 2016, S. 903.

[MIY17] Miyagi, M.; Kawahito, Y.; Kawakami, H.; Shoubu, T.: *Dynamics of solid-liquid interface and porosity formation determined through x-ray phase-contrast in laser welding of pure Al*, in: Journal of Materials Processing Technology, 250, 2017, S. 9–15.

[MOB14] Mobilio, S.; Boscherini, F.; Meneghini, C; *Synchrotron Radiation: Basics, Methods and Applications*. Berlin, Heidelberg, Springer, 2014.

[MUR85] Murray, J. L.: *The aluminium-copper system*, in: International Metals Reviews, 30, 1985, S. 211–234.

[MYS04] Mys, I.; Schmidt, M.: *Laser micro welding of dissimilar Cu-Al materials for electronic contacts*, in: Proceedings of the LANE 2004, 2004, S. 623–631.

[NOL12] Noll, R.: *Laser-Induced Breakdown Spectroscopy: Fundamentals and Applications*, Berlin, Heidelberg. Springer Berlin Heidelberg, 2012.

[OST12] Ostendorf, A.; Temme, T.; Zeadan, J.: *Laser spot welding of electronic micro parts*, in: Isamu Miyamoto, Henry Helvajian, Kazuyoshi Itoh, Kojiro F. Kobayashi, Andreas Ostendorf, Koji Sugioka (Hrsg.), SPIE, 2012, S. 306–312.

[PLA09] Plaßmann, W.: *Handbuch Elektrotechnik*, Wiesbaden. Springer Fachmedien, 2009.

[POH99] Pohle, C.: *Schweißen von Werkstoffkombinationen: Metallkundliche und fertigungstechnische Grundlagen sowie Ausführungsbeispiele*, Düsseldorf. Verl. für Schweißen und Verwandte Verfahren DVS-Verl., 1999.

[POP05] Poprawe, R.: *Lasertechnik für die Fertigung: Grundlagen, Perspektiven und Beispiele für den innovativen Ingenieur ; mit 26 Tabellen*, Berlin. Springer, 2005.

[POP11] Poprawe, R.: *Tailored Light 2*, Berlin, Heidelberg. Springer Berlin Heidelberg, 2011.

[PRE18] Precitec GmbH & Co. KG: *Precitec IDM - In-Process Depth Meter*. Betriebsanleitung, Änderungsstand 03/2018, 2018.

[PRO20] Proff, H.; Storp, M.; Falk, F.: *Elektromobilität in Deutschland: Marktentwicklung bis 2030 und Handlungsempfehlungen*, in: Deloitte GmbH Wirtschaftsprüfungsgesellschaft, 11/2020.

[RAV03] Ravdel, B.; Abraham, K.M.; Gitzendanner, R.; DiCarlo, J.; Lucht, B.; Campion, C.: *Thermal stability of lithium-ion battery electrolytes*, in: Journal of Power Sources, 119-121, 2003, S. 805–810.

[RAY80] Rayne, J. A.; Shearer, M. P.; Bauer, C. L.: *Investigation of interfacial reactions in thin film couples of aluminum and copper by measurement of low temperature contact resistance*, in: Thin Solid Films, 65, 1980, S. 381–391.

[RHO21] Rhode, M.; Richter, T.; Schroepfer, D.; Manzoni, A. M.; Schneider, M.; Laplanche, G.: *Welding of high-entropy alloys and compositionally complex alloys—An overview*, in: Welding in the World, 65, 2021, S. 1645-1659.

[ROE08] Roesner, A.; Boglea, A.; Olowinsky, A.: *Laserdurchstrahlschweißen von Thermoplasten*, in: Laser Technik Journal, 5, 2008, S. 28–32.

[SAN03] Sansonetti, J.: *Handbook of Basic Atomic Spectroscopic Data, NIST Standard Reference Database 108,* 2003.

[SCH02] Schinzel, C. M.: *Nd:YAG-Laserstrahlschweißen von Aluminiumwerkstoffen für Anwendungen im Automobilbau,* München. Utz, 2002.

[SCH09] Schneider, R.; Löbl, H.; Großmann, S.; Schoenemann, T.; Holdis, M.: *Langzeitverhalten von Aluminium-Kupfer-Verbindungen in der Elektroenergietechnik,* 63, 2009, S. 591–594.

[SCH10] Schmitt, F.; Mehlmann, B.; Gedicke, J.: *Laser Beam Micro Welding With High Brilliant Fiber Lasers*, in: Journal of Laser Micro / Nanoengineering, 5, 2010, S. 197–203.

[SCH12] Schmitt, F.: *Laserstrahl-Mikroschweißen mit Strahlquellen hoher Brillanz und örtlicher Leistungsmodulation,* Aachen. Shaker, 2012.

[SCH13] Schell, N.; King, A.; Beckmann, F.; Fischer, T.; Müller, M.; Schreyer, A.: *The High Energy Materials Science Beamline (HEMS) at PETRA III*, in: Mechanical Stress Evaluation by Neutrons and Synchrotron Radiation VI, 772, 2013, S. 57–61.

[SCH15] Schmidt, P. A.: *Laserstrahlschweißen elektrischer Kontakte von Lithium-Ionen-Batterien in Elektro- und Hybridfahrzeugen.* Herbert Utz Verlag, 2015.

[SCH16] Schmalen, P.; Plapper, P.: *Evaluation of Laser Braze-welded Dissimilar Al-Cu Joints*, in: Physics Procedia, 83, 2016, S. 506–514.

[SCH17] Schmalen, P.; Plapper, P.: *Resistance Measurement of Laser Welded Dissimilar Al/Cu Joints*, in: Journal of Laser Micro/Nanoengineering, 12, 2017, S. 189–194.

[SCH18] Schmalen, P.; Plapper, P.: *Spectroscopic Studies of Dissimilar Al-Cu Laser Welding*, in: *, Volume 2: Materials; Joint MSEC-NAMRC-Manufacturing USA,* American Society of Mechanical Engineers, 2018.

[SEB12] Sebestova, H.; Chmelickova, H.; Nozka, L.; Moudry, J.: *Non-destructive Real Time Monitoring of the Laser Welding Process*, in: Journal of Materials Engineering and Performance, 21, 2012, S. 764–769.

[SEI19] Seibold, M.; Schricker, K.; Bergmann, J. P.: *Characterization of optical spectrum in laser beam welding of dissimilar aluminum-copper joints and time-dependent correlation to process stages*, in: Bernhard Zagar, Pawel Mazurek, Maik Rosenberger, Paul-Gerald Dittrich (Hrsg.), *Photonics and Education in Measurement Science 2019,* SPIE, 17.09.2019 - 19.09.2019, S. 50.

[SIB10] Sibillano, T.; Ancona, A.; Rizzi, D.; Rodil, S. S.; Nieto, J. R.; Konuk, A. R.; Aarts, R.; Huis in't Veld, A. J.: *Study on the correlation between plasma electron temperature and penetration depth in laser welding processes*, in: Physics Procedia, 5, 2010, S. 429–436.

[SIB12a] Sibillano, T.; Rizzi, D.; Mezzapesa, F. P.; Lugarà, P. M.; Konuk, A. R.; Aarts, R.; Veld, B. H. I. 't.; Ancona, A.: *Closed loop control of penetration depth during CO_2 laser lap welding processes*, in: Sensors (Basel, Switzerland), 12, 2012, S. 11077–11090.

[SIB12b] Sibillano, T.; Rizzi, D.; Ancona, A.; Saludes-Rodil, S.; Rodríguez Nieto, J.; Chmelíčková, H.; Šebestová, H.: *Spectroscopic monitoring of penetration depth in CO2 Nd:YAG and fiber laser welding processes*, in: Journal of Materials Processing Technology, 212, 2012, S. 910–916.

[SPI11] Spittel, M.; Spittel, T.: *Al 99.5*, in: W. Martienssen, H. Warlimont (Hrsg.), *Part 2: Non-ferrous Alloys - Light Metals,* Berlin, Heidelberg, Springer Berlin Heidelberg, 2011, S. 197–203.

[SPI19] Spieß, L.; Teichert, G.; Schwarzer, R.; Behnken, H.; Genzel, C.: *Moderne Röntgenbeugung,* Wiesbaden. Springer Fachmedien Wiesbaden, 2019.

[STA08] Stadtler, T.: *Modellierung und Simulation ausgedehnter Massestrukturen,* 1. Auflage, Göttingen. Cuvillier Verlag, 2008.

[STA18] Stavridis, J.; Papacharalampopoulos, A.; Stavropoulos, P.: *Quality assessment in laser welding: a critical review*, in: The International Journal of Advanced Manufacturing Technology, 94, 2018, S. 1825–1847.

[STR16] Stritt, P.; Boley, M.; Heider, A.; Fetzer, F.; Jarwitz, M.; Weller, D.; Weber, R.; Berger, P.; Graf, T.: *Comprehensive process monitoring for laser welding process optimization*, in: Friedhelm Dorsch, Stefan Kaierle (Hrsg.), *High-Power Laser Materials Processing: Lasers, Beam Delivery, Diagnostics, and Applications V,* SPIE, 2016, 97410Q.

[SUN22] Sun, T.; Mohan, A.; Liu, C.; Franciosa, P.; Ceglarek, D.: *The impact of Adjustable-Ring-Mode (ARM) laser beam on the microstructure and mechanical performance in remote laser welding of high strength aluminium alloys*, in: Journal of Materials Research and Technology 21, 2022, S. 2247–2261.

[THO20] Thorlabs Inc.: *Product Raw Data: Uncoated UVFS, 10 mm Thick Sample; UV (245 - 400 nm) Broadband AR Coating,* 2020, https://www.thorlabs.com/newgrouppage9.cfm?objectgroup_id=3569. Abgerufen am 02.03.2020.

[THO99] Thorne, A.; Litzén, U.; Johansson, S.: *Spectrophysics: Principles and Applications.* Springer Science & Business Media, 1999.

[TUT15] Tutuianu, M.; Bonnel, P.; Ciuffo, B.; Haniu, T.; Ichikawa, N.; Marotta, A.; Pavlovic, J.; Steven, H.: *Development of the World-wide harmonized Light duty Test Cycle (WLTC) and a possible pathway for its introduction in the European legislation*, in: Transportation Research Part D: Transport and Environment, 40, 2015, S. 61–75.

[VIN16] Vinaricky, E.: *Elektrische Kontakte, Werkstoffe und Anwendungen,* Berlin, Heidelberg. Springer Berlin Heidelberg, 2016.

[VOL04] Volkswagen AG: *Vehicle Parts - Testing of Resistance to Environmental Cycle Test (+80/-40) °C*, 10/2004.

[VOL13] Volkswagen AG: *Elektrische und elektronische Komponenten in Kraftfahrzeugen bis 3,5 t*, 2013-06.

[WAG21] Wagner, J.; Hagenlocher, C.; Hummel, M.; Olowinsky, A.; Weber, R.; Graf, T.: *Synchrotron X-ray Analysis of the Influence of the Magnesium Content on the Absorptance during Full-Penetration Laser Welding of Aluminum*, in: Metals, 11, 2021, S. 797.

[WAN20] Wang, L.; Mohammadpour, M.; Yang, B.; Gao, X.; Lavoie, J.-P.; Kleine, K.; Kong, F.; Kovacevic, R.: *Monitoring of keyhole entrance and molten pool with quality analysis during adjustable ring mode laser welding*, in: Applied optics 59 (6), 2020, S.1576-1584.

[WEB10] Weberpals, J.-P.: *Nutzen und Grenzen guter Fokussierbarkeit beim Laserschweißen*, München. Utz, 2010.

[WEI11] Weigl, M.; Albert, F.; Schmidt, M.: *Enhancing the Ductility of Laser-Welded Copper-Aluminum Connections by using Adapted Filler Materials*, in: Physics Procedia, 12, 2011, S. 332–338.

[WEL01] Welch, G.; Bishop, G.: *An Introduction to the Kalman Filter*, in: Proceedings SIGGRAPH 2001, 2001.

[WER12] Werner Industrielle Elektronik: *Mikroohmmeter LoRe*, 2012, https://www.theta-dresden.de/mikroohmmeter-lore.
Abgerufen am 20.08.2021.

[WUL04] Wulff, F. W.; Breach, C. D.; Stephan, D.; Saraswati; Dittmer, K. J.: *Characterisation of intermetallic growth in copper and gold ball bonds on aluminium metallization*, in: Kok Chuan Toh (Hrsg.), *Proceedings of 6th Electronics Packaging Technology Conference, EPTC 2004: 8 - 10 December 2004, Pan Pacific Hotel, Singapore*, Piscataway, NJ, IEEE Service Center, 2004, S. 348–353.

10.1 Eigene Veröffentlichungen

[HOL18a] Hollatz, S.; Ryan, C.; Olowinsky, A.; Gillner, A.; Poprawe, R.: *Measurement of Keyhole Depth during Laser Beam Micro Welding with Scanners*, in: Proceedings of LPM 2018, 2018.

[HOL20a] Hollatz, S.; Kremer, S.; Ünlübayir, C.; Sauer, D. U.; Olowinsky, A.; Gillner, A.: *Electrical Modelling and Investigation of Laser Beam Welded Joints for Lithium-Ion Batteries*, in: Batteries, 6, 2020, S. 24.

[HOL20b] Hollatz, S.; Heinen, P.; Limpert, E.; Olowinsky, A.; Gillner, A.: *Overlap joining of aluminium and copper using laser micro welding with spatial power modulation*, in: Welding in the World, 64, 2020, S. 513–522.

[HOL20c] Hollatz, S.; Hummel, M.; Jaklen, L.; Lipnicki, W.; Olowinsky, A.; Gillner, A.: *Processing of Keyhole Depth Measurement Data during Laser Beam Micro Welding*, in: Proceedings of the Institution of Mechanical Engineers, Part L: Journal of Materials: Design and Applications, 234, 2020, S. 722–731.

[HOL22a] Hollatz, S.; Hummel, M.; Olowinsky, A.; Gillner, A.; Beckmann, F.; Moosmann, J.: *Pore Formation and Melt Pool Analysis of Laser Welded Al-Cu Joints using Synchrotron Radiation*, in: Journal of Materials Processing Technology, 2022, S. 117738.

10.2 Videos der Synchrotronaufnahmen

Die Videos zu den Bildsequenzen der Röntgenaufnahmen sind zu finden unter:

Hollatz, Sören, & Hummel, Marc; Videographic Data for Pore Formation and Melt Pool Analysis of Laser Welded Al-Cu Joints using Synchrotron Radiation. Zenodo, 2022. https://doi.org/10.5281/zenodo.6411749

Die Bezeichnung der Videos bezieht sich auf die zugehörige Veröffentlichung. Die Zuordnung der Bilder dieser Arbeit zu den bereitgestellten Videos ist nachfolgend erklärt:

- Bild 55 entspricht Fig3_HV192
- Bild 57 entspricht Fig5_HV185
- Bild 59 entspricht Fig7_HV186
- Bild 61 entspricht Fig9_HV185
- Bild 62 entspricht Fig10_HV196

11 Anhang

11.1 Graphische Darstellung der Einordnung der Arbeit in den Stand der Technik

Bild 99: Einordnung der vorliegenden Arbeit in den Stand der Technik

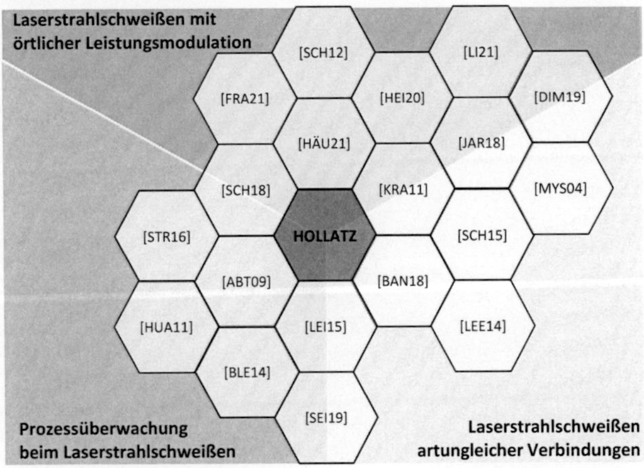

11.2 Grundlagen elektrischer Widerstände

Der Übergang von einen zum anderen Material weist, ebenso wie die Materialien selbst, einen elektrischen Widerstand auf. Je geringer der Widerstand in der Verbindung von zwei Materialien ist, desto qualitativ besser ist die Verbindung. Der elektrische Widerstand ist Ursache für eine Erwärmung während des Stromflusses. Diese entsteht durch Stöße von Ladungsträgern und den Atomrümpfen des Materials. Das Verhältnis zwischen Strom, Spannung und Widerstand wird durch das Ohm'sche Gesetz

11.1 $$U = R \cdot I$$

U: Spannung [V]; R: Widerstand [Ω]; I: Stromstärke [A]

beschrieben. Der Widerstand besitzt eine Abhängigkeit von der Geometrie des Leiters, den Materialeigenschaften und der Temperatur des Leiters. Mit Hilfe des spezifischen Widerstands ρ_{el} kann der Widerstand für eine bekannte Leiterlänge nach

11.2
$$R = \rho_{el} \cdot \frac{l_L}{A_L}$$

R: Widerstand [Ω]; ρ_{el}: spezifischer Widerstand [$\Omega \cdot \frac{m^2}{mm}$]; l_L: Leiterlänge [mm]; A_L: Leiterquerschnitt [m²]

bestimmt werden.

Der Leiterwiderstand steigt bei zunehmender Leiterlänge, kleinem Leiterquerschnitt oder steigender Temperatur. Basierend auf einem Referenz-Widerstand, der bekannten Temperaturdifferenz zur Temperatur des Referenz-Widerstands und dem spezifischen Temperaturkoeffizienten α kann mit

11.3
$$R(\vartheta) = R_{20°C} \cdot \left(1 + \alpha \cdot (\vartheta - 20°C)\right)$$

R(ϑ): temperaturabhängiger Widerstand [Ω]; $R_{20°C}$: Widerstand bei 20°C [Ω]; α: spezifischer Temperaturkoeffizient [K^{-1}]; ϑ: Leitertemperatur [°C]

der temperaturabhängige Widerstand berechnet werden. Der lineare Zusammenhang gilt für Temperaturen unter 400 K. [PLA09, S. 255]

11.3 Aufbereitung der Übergangswiderstandsmessungen

Aufgrund des Abstands der mittleren Messspitzen von 11 mm bei 10,5 mm Materialüberlapp ist eine Korrektur der Messwerte notwendig. Die Korrektur findet aufgrund von Referenzmessungen statt, siehe Tab. 24.

Tab. 24: Referenzmessungen des Widerstandsprüfstands

Messstrecke	M1	V	M2
Minimum	54,37 µΩ	54,42 µΩ	54,27 µΩ
Durchschnitt	54,6835 µΩ	54,7215 µΩ	54,5510 µΩ
Maximum	55,05 µΩ	55,07 µΩ	54,95 µΩ
Standardabweichung	± 216,96 nΩ (± 0,397 %)	± 172,61 nΩ (± 0,315 %)	± 184,63 nΩ (± 0,338 %)
Minimale Strecke	10,9293 mm	10,9394 mm	10,9092 mm
Durchschnittliche Strecke	10,9924 mm	11 mm	10,9657 mm
Maximale Strecke	11,0660 mm	11,0701 mm	11,0459 mm
Standardabweichung	± 43,61 µm	± 34,70 µm	± 37,11 µm

Basierend auf den durchschnittlichen Widerständen können Korrekturfaktoren berechnet werden.

11.4
$$R_{M1,korrigiert} = R_{M1} \cdot k_{M1} \quad \text{mit} \quad k_{M1} = \frac{54{,}7215\mu\Omega}{54{,}6835\mu\Omega} = 1{,}000694908$$

11.5
$$R_{M2,korrigiert} = R_{M2} \cdot k_{M2} \quad \text{mit} \quad k_{M2} = \frac{54{,}7215\mu\Omega}{54{,}5510\mu\Omega} = 1{,}0031255156$$

11.6
$$R_{V,korrigiert} = \left(R_V - \frac{0{,}25mm}{11mm} \cdot (R_{M1} \cdot k_{M1} + R_{M2} \cdot k_{M2}) \right) \cdot k_V$$
$$\text{mit} \quad k_V = \frac{11mm}{10{,}5mm} = 1{,}0476190476$$

11.4 Bestimmung der Brückenwiderstände für das Simulationsmodell

Für die Bestimmung der Brückenwiderstände werden die gemessenen Werte für die isolierten Schweißnähte auf die Verbindungsbreite und Überlapp von 0,5 mm normiert, analog zu 11.3. Daraus ergibt sich eine Ergänzung zu Tab. 7:

Anordnung	Al-Al		Cu-Cu		Al-Cu		
[µΩ]	R_M	R_V	R_M	R_V	R_{M1}	R_V	R_{M2}
Iso. Schweißnaht (als 0,5 mm)	2,4777	1,6958	1,4284	1,3079	2,4700	3,4272	1,4278

Tab. 25: Ergänzung zu Tab. 7

Ein Streckenelement der Simulation entspricht 0,1 mm Strecke. Die Schweißnähte mit 0,5 mm Breite entsprechen demnach 5 Elementen und besitzen folgende Widerstände:

11.7 $$\text{Für Al-Al:} \quad R_{M,i} = R_{m,i} = \frac{2{,}4777\ \mu\Omega}{5} = 495{,}54\ n\Omega$$

11.8 $$\text{Für Cu-Cu:} \quad R_{M,i} = R_{m,i} = \frac{1{,}4284\ \mu\Omega}{5} = 285{,}68\ n\Omega$$

11.9 $$\text{Für Al-Cu:} \quad R_{M,i} = \frac{2{,}4700\ \mu\Omega}{5} = 494{,}00\ n\Omega \quad \text{und}$$
$$R_{m,i} = \frac{1{,}4278\ \mu\Omega}{5} = 285{,}56\ n\Omega$$

Die Brückenwiderstände im Model werden angepasst bis der Gesamtwiderstand dem gemessenen Widerstand des Messsegments erreicht. Beispielhafte Darstellung des Vorgehens in Bild 100.

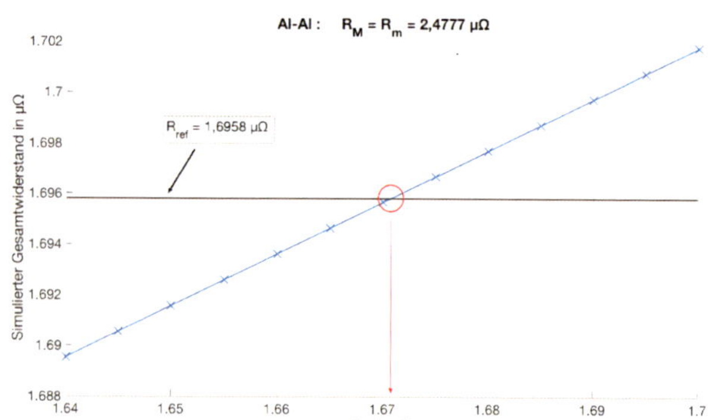

Bild 100: Ermittlung des Brückenwiderstands R_V durch Simulation

Dieses Vorgehen kann auch für die kraftschlüssigen Brückenwiderstände durchgeführt werden. Ergebnisse der Brückenwiderstände sind in Tab. 26 dargestellt.

Tab. 26: Schweißnahtbrückenwiderstände $R_{V,S}$ und kraftschlüssige Brückenwiderstände $R_{V,K}$ (mit Referenzmaterial)

Verbindung	$R_{V,S}$	$R_{V,K}$
Al-Al	1,6707 µΩ	297,3810 mΩ (297,5180 mΩ)
Cu-Cu	2,7629 µΩ	24,1618 mΩ (24,3795 mΩ)
Al-Cu	13,5527 µΩ	133,2844 mΩ (133,2994 mΩ)

11.5 Korrektur der Messwerte bei Schweißnähten längs zur Stromrichtung

Die Änderung der Äquipotentiallinien bei Schweißnähtne in Längsrichtung führt zu Fehlern in der Messung, da die Position der Messspitzen bei allen Messungen gleichbleibt. Der höhere Spannungsabfall an den Messspitzen führt bei der Doppellängsnaht zu höheren Messwerten. Für die Korrektur wird eine Messungen zwischen den äußeren Messspitzen, also mit größerem Abstand von den Schweißnähten und den beeinflussten Äquipotentiallinien, angenommen.

11.10
$$R_{V,korrigiert} = \left((2 \cdot R_M + R_V) - \left(2 + \frac{0{,}5mm}{11mm}\right) \cdot R_{M,Referenz}\right) \cdot k_V \,, \quad \text{mit} \quad k_V = \frac{11mm}{10{,}5mm}$$

Verbindung	M	V	Güte	V_{korr}	$Güte_{korr}$
Mittige Schweißnaht	31,6360 µΩ	33,0015 µΩ	1,0413		
Zentrale Längsnaht	35,0251 µΩ	34,2969 µΩ	0,9792	41,4376 µΩ	1,1831
Doppel-Längsnaht	29,4008 µΩ	39,5398 µΩ	1,3449	34,6283 µΩ	1,1778

Bild 101: Fehlerbehaftete (grau hinterlegt) und korrigierte Übergangswiderstände für die Längsnähte

11.6 Vergrößerte Darstellungen ausgewählter Synchrotronaufnahmen

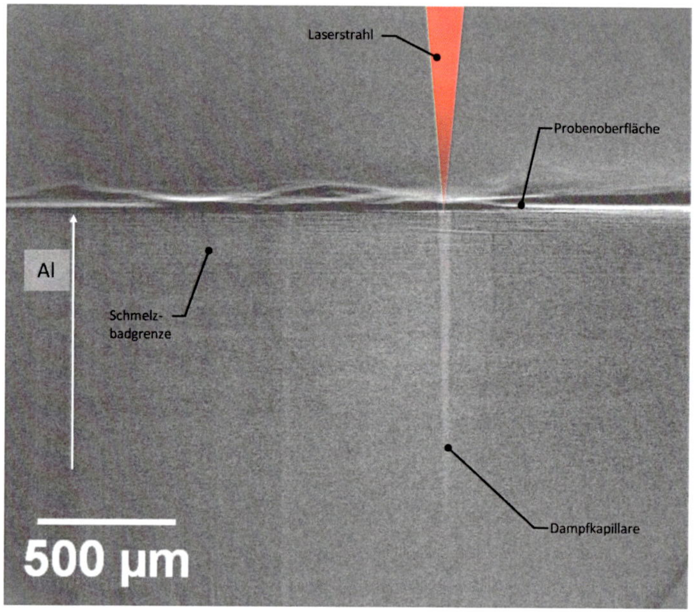

Bild 102: Vergrößerte Darstellung der Aluminiumschweißnaht in Bild 54

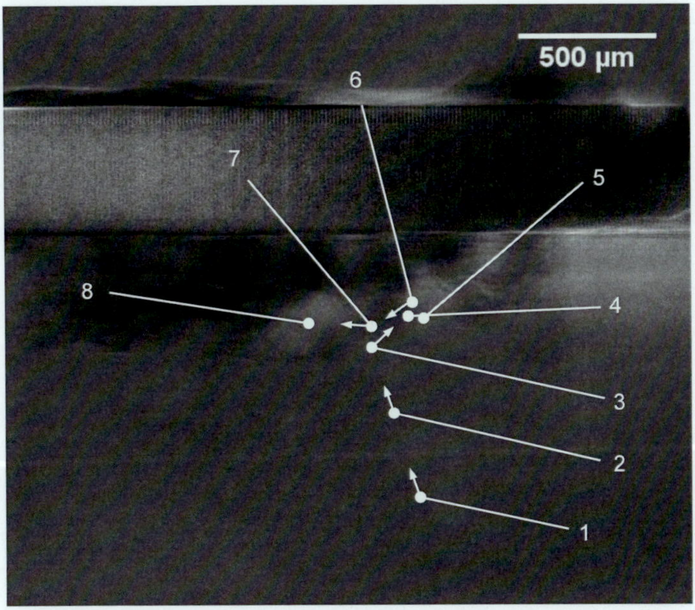

Bild 103: Vergrößerte Darstellung der Porenbewegung in Bild 59

11.7 Aufbau des Systems bei den Untersuchungen mit Spektrometer

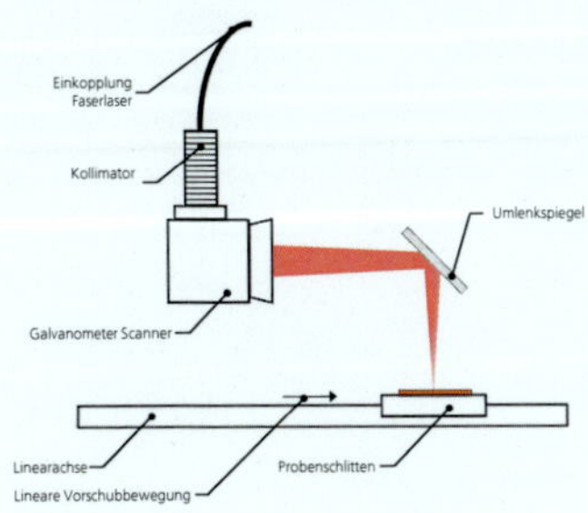

Bild 104: : Versuchsaufbau mit bewegtem Werkstückträger und 90°-Umlenkungen hinter der f-theta Optik

Bild 105:
Optische Eigenschaften der Komponenten der Einkoppeloptik

Filter: vermessen

Quarzglas: unbeschichtet, enthält Grenzflächenreflexion, Herstellerangabe [THO20]

UV-Beschichtung: Herstellerangabe [THO20]

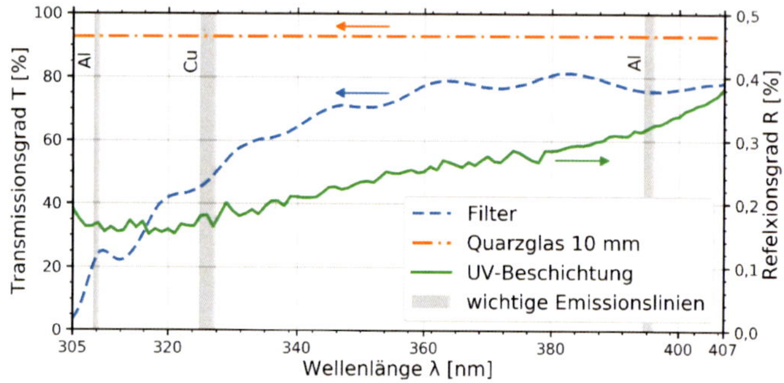

In der Reihe **Ergebnisse aus der Lasertechnik** zuletzt erschienen:

Hollatz, Sören:

Funktionsorientiertes Laserstrahl-Mikroschweißen von Aluminium-Kupfer-Verbindungen mit örtlicher Leistungsmodulation

ISBN: 978-3-98555-178-1

Erscheinungsdatum: 03.11.2023

Nguyen, Nam-Phong:

Laserdurchstrahlschweißen von transparenten Kunststoffen mit Thulium-Faserlaserstrahlung

ISBN: 978-3-98555-172-9

Erscheinungsdatum: 18.09.2023

Haasler, Dennis:

Tiefbohren in Metallen mittels ultrakurzen Laserpulsen

ISBN: 978-3-98555-119-4

Erscheinungsdatum: 24.11.2022

Rödler, Georg:

Entwicklung des selektiven Laserstrahlschmelzens für Al-Ni-Legierungen

ISBN: 978-3-98555-118-7

Erscheinungsdatum: 03.11.2022

Ünal-Saewe, Talu:

Ortsaufgelöste Prozessüberwachung für die Additive Fertigung mittels laserbasierter Directed Energy Deposition

ISBN: 978-3-98555-113-2

Erscheinungsdatum: 10.10.2022

Helm, Johanna:

Prozessstabilität und Prozesseffizienz beim Laserstrahlfügen von hoch reflektiven Kupferwerkstoffen

ISBN: 978-3-98555-112-5
Erscheinungsdatum: 10.10.2022

Meineke, Georg:

Opto-kalorisches Schalten zur Sortierung fluoreszenzmarkierter Partikel in Mikrofluidiken

ISBN: 978-3-98555-109-5
Erscheinungsdatum: 10.10.2022

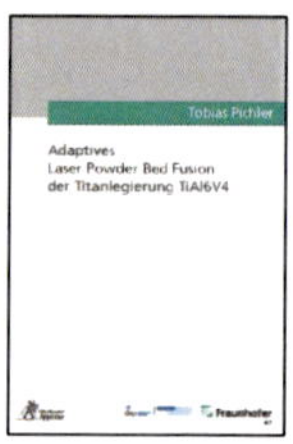

Pichler, Tobias:

Adaptives Laser Powder Bed Fusion der Titanlegierung TiAl6V4

ISBN: 978-3-98555-096-8
Erscheinungsdatum: 17.08.2022

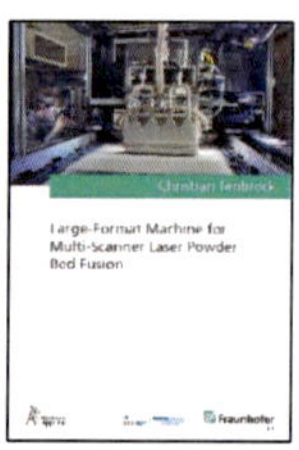

Tenbrock, Christian:

Large-Format Machine for Multi-Scanner Laser Powder Bed Fusion

ISBN: 978-3-98555-091-3
Erscheinungsdatum: 27.07.2022

Saewe, Jasmin:

Untersuchungen der Verarbeitbarkeit des Schnellarbeitsstahls HS6-5-3-8 mittels Laser Powder Bed Fusion

ISBN: 978-3-98555-097-5
Erscheinungsdatum: 27.07.2022

Edition Wissenschaft
Apprimus

FSC
www.fsc.org
MIX
Papier | Fördert gute Waldnutzung
FSC® C083411

Zeitfracht Medien GmbH
Ferdinand-Jühlke-Straße 7
99095 Erfurt, Deutschland
produktsicherheit@kolibri360.de